1. Auflage 2015
© 2015 Ing. Mag. (FH) Guntram Meusburger
Alle Rechte vorbehalten

Lektorat: MMag. Marie-Therese Pitner; Heike Lang, MA
Gestaltung und Umsetzung: Eva Nester, BA
Druck: Vorarlberger Verlagsanstalt GmbH

Printed in Austria

ISBN 978-3-200-04009-0

Wissensmanagement für Entscheider

Unternehmenswissen erfolgreich managen
Die praktische Umsetzung für jedes Unternehmen

Ich beschäftige mich seit fünfzehn Jahren mit dem Thema Wissensmanagement und bin überzeugt vom Potenzial, das darin steckt. Das Thema hat mich einfach nicht mehr losgelassen.

Guntram Meusburger
Geschäftsführer bei Meusburger

Guntram Meusburger
Ing. Mag. (FH)
geboren 1972

Der gebürtige Österreicher absolvierte in jungen Jahren die technische Ausbildung an der Höheren Technischen Lehranstalt in Dornbirn. Im Anschluss daran studierte er »Betriebliches Prozess- und Projektmanagement« an der Fachhochschule Vorarlberg.

Im Jahr 1999 trat er in das Familienunternehmen seines Vaters ein und wurde Mitglied der Geschäftsleitung. Seither beschäftigte er sich intensiv mit dem Thema Wissensmanagement und entwickelte die WBI-Methode. Im Jahr 2007 übernahm Guntram Meusburger erfolgreich die Geschäftsführung der Meusburger Georg GmbH & Co KG.

Guntram Meusburger ist passionierter Boxer und Fischer. In seinen konträren Hobbies vereint er Durchsetzungskraft und Geduld – zwei Tugenden, die für ein erfolgreiches Wissensmanagement notwendig sind.

Seine Vision ist es, mithilfe einer strukturierten Wissensdatenbank allen Mitarbeitern jene Informationen zur Verfügung zu stellen, die sie zur erfolgreichen Bewältigung ihrer Aufgaben benötigen.

Das einzige unersetzliche Kapital, das eine Organisation besitzt, ist das Wissen und die Fähigkeiten seiner Mitarbeiter. Die Produktivität dieses Kapitals hängt davon ab, wie effektiv die Mitarbeiter ihre Kompetenzen mit denen teilen, denen sie nützen.

Andrew Carnegie (1835–1919)
schottisch-amerikanischer Industrieller,
Stahl-Tycoon und Philanthrop

Inhaltsverzeichnis

Es ist nicht genug, zu wissen
– man muss auch anwenden.
Es ist nicht genug, zu wollen
– man muss auch tun.

Johann Wolfgang von Goethe (1749–1832)
deutscher Philosoph und Schriftsteller

1 Wozu das Ganze?

» Ihre Mitarbeiter erfinden das Rad immer wieder neu?
» Die linke Hand weiß nicht, was die rechte tut?
» Fehler wiederholen sich ständig?
» Wissen wird mühsam erarbeitet und verschwindet wieder?
» Dokumente mit falschen, alten Inhalten machen die Runde?
» Im Unternehmen herrscht Unruhe oder Hektik?
» Telefonate und Anfragen stören immer wieder bei der Arbeit?
» Sie sind ständig unterwegs, um benötigte Informationen zu erhalten?
» Es wird viel diskutiert, aber es fallen keine Entscheidungen, da die gemeinsame Basis fehlt?

Wenn Sie zumindest zwei dieser Fragen mit »Ja« beantworten können, ist es gut, dass Sie dieses Management-Handbuch jetzt in Händen halten.

Jeder Einzelne von uns spürt den zunehmenden wirtschaftlichen Wettbewerb. Die meisten Unternehmen sind in der einen oder anderen Form an diesem Wettbewerb beteiligt: als Produzenten, als Interessenten oder als Kunden. Deshalb nehmen wir diesen Wettbewerb unmittelbar als erhöhte Anforderung an unsere Unternehmen wahr. Der Wettbewerbsdruck wird von einer regelrechten Informationsflut begleitet. Diese Masse an Informationen muss immer schneller gesichtet, verarbeitet und vorteilhaft genutzt werden. Informationen und Wissen bieten nur dann einen Vorteil, wenn sie effizient gemanagt und verwaltet werden. Sie sollen eine gesicherte Wissensbasis bilden, um fundierte Entscheidungen zu treffen und Chancen wahrnehmen zu können.

Fest steht, dass sich die gesellschaftliche und ökonomische Rolle von Wissen im 20. Jahrhundert grundsätzlich verändert hat. Nach der Entwicklung von der Agrar- zur Industriegesellschaft ist nun – im Zeitalter der zunehmenden Vernetzung und Globalisierung – der Schritt zur vermeintlichen Wissensgesellschaft zu beobachten. Dank neuer Informations- und Kommunikationstechnologien hat sich die Gesellschaft in den letzten Jahren deutlich verändert. Wissen ist immer schneller verfügbar, kann schneller kommuniziert und in kürzerer Zeit generiert werden. Wer etwas über ein bestimmtes Thema wissen möchte, »googelt« mit dem Smartphone, dem Tablet oder dem Computer und schon ist er im Besitz der nötigen Informationen.

Aber ist Wissen denn wirklich so wertvoll? Die Antwort darauf ist einfach: Ja, denn neben den drei klassischen Produktionsfaktoren Boden, Kapital und Arbeit wird Wissen zum vierten, unersetzbaren Produktionsfaktor. Management-Methoden für die herkömmlichen drei Faktoren sind in vielen Unternehmen weit entwickelt und werden tagtäglich angewendet. Für das Management von Wissen fehlen hingegen oftmals die Instrumente und auch das Bewusstsein der Mitarbeiter dafür. **Die Zukunft eines Unternehmens wird sich aber künftig daran messen, ob es das Wissen professionell beherrscht und nutzt.** Deshalb ist Wissensmanagement als Ergänzung zu den bestehenden Management-Instrumenten notwendig.

Wissen besser integrieren – kurz **WBI** – ist eine einfache, pragmatische Methode des Wissensmanagements, die auf über 20 Jahren Entwicklungsgeschichte und Erfahrung basiert. **Das Ziel von WBI ist es, das Unternehmenswissen den Mitarbeitern so zugänglich zu machen, dass sie es für die erfolgreiche Bewältigung ihrer Aufgaben nutzen können.** Hinter der bei Meusburger entwickelten Methode steht ein Prozess, der aus dem Erfassen, Verteilen, Nutzen, Weiterentwickeln und Sichern von organisationalem Wissen besteht. Ständig wiederkehrende Abläufe werden so verbessert und Fehlerquellen behoben.

Mithilfe der WBI-Methode entscheiden Sie Punkt für Punkt, welche Lösung für Ihr Unternehmen passend ist. Von WBI können alle Unternehmen und Organisationen profitieren, denn die Methode ist eine Art

Baukasten, der durch seine einzelnen Module einfach an die gegebenen Anforderungen angepasst werden kann. WBI ist unabhängig von der Branche und Größe eines Unternehmens und kann beliebig adaptiert werden.

Die Geburtsstätte von WBI ist die Meusburger Georg GmbH & Co KG[1] in Wolfurt, Österreich. Das Vorarlberger Familienunternehmen ist führender Anbieter von qualitativ hochwertigen Normalien. Ohne die konsequente Anwendung von WBI hätte das Unternehmen heute nicht über 13.200 Kunden und 900 Mitarbeiter, denn die Methode ermöglicht es, das Unternehmen tagtäglich einen kleinen Schritt weiterzubringen, und macht es damit erfolgreich.

Meusburger in Zahlen 2014

» **13.200** Kunden

» über **3.000** Wissensdokumente

» über **900** Mitarbeiter

» **190 Mio. Euro** Jahresumsatz

» **100** Lehrlinge in Ausbildung

» **60** Exportländer weltweit

» Verkaufsniederlassungen: **USA, China, Türkei, Indien und Mexiko**

www.meusburger.com

---

1   In weiterer Folge »Meusburger« genannt

Meusburger war für die Entwicklung von WBI bestens geeignet, da das Unternehmen sämtliche Disziplinen und Bereiche abdeckt. Das Unternehmen verfügt über eine Produktion, ein Lager und ein eigenes Produkt, das über einen eigenen Verkauf vertrieben wird. Meusburger hat zudem eine eigene Verwaltung, bestehend aus den Bereichen IT, Finanzen und Personal. Es stellt somit ein klassisches Unternehmen im deutschsprachigen Raum dar.

Zwanzig Jahre Erfolg durch WBI bei Meusburger lassen nur einen Schluss zu: Wissensmanagement sichert das Überleben von Unternehmen und fördert deren Expansion. Aus diesem Grund stelle ich mir immer wieder die Frage, warum sich nicht mehr Unternehmen die Vorteile von Wissensmanagement zunutze machen.

Der Mangel an Zeit sowie an finanziellen und personellen Ressourcen sind häufig genannte Gründe. Viele klein- und mittelständische Betriebe scheuen den anfänglichen Aufwand und verbauen sich damit die Chance, die Vorteile des Wissensmanagements zu nutzen oder das bestehende Wissensmanagement mithilfe von WBI zu verbessern.

Leider wird Wissensmanagement in vielen Publikationen sehr komplex bzw. umständlich dargestellt. Oft wird es durch einen akademischen oder wissenschaftlichen Zugang komplizierter gemacht, als es eigentlich ist. Mein Ziel war es daher, eine einfache, leicht verdauliche und gut verständliche Lektüre für Entscheider zu verfassen, die in kürzester Zeit gelesen werden kann.

Das vorliegende Buch ist die umfassende Erklärung eines erfolgreichen Konzepts: der WBI-Methode. WBI liefert passende Beispiele, Tipps sowie erprobte Verfahrensweisen. Die einzelnen Kapitel dieses Management-Handbuches bauen aufeinander auf und geben dem Leser einen Überblick über das große Ganze. Zusammenhänge können dadurch rasch erkannt und erfasst werden.

Um die Inhalte praxistauglich und übersichtlich zu vermitteln, werden im Buch folgende Icons verwendet:

 Wertvolle Tipps

 Relevante Informationen

 Übungen

 Praktische Beispiele

Mein Dank gilt allen Testlesern des Buches sowie allen Unternehmern, die mir bei der Recherche zu meinem Buch einen Einblick gewährt haben. Durch sie war es möglich, aus WBI eine flexible, branchenunabhängige Methode zu machen. Besonderer Dank gebührt meiner ehemaligen Assistentin Sabine Kirchmayr sowie meiner derzeitigen Assistentin Eva Nester, die mich bei diesem Buch maßgeblich unterstützt haben.

Ich wünsche Ihnen viel Vergnügen bei der Lektüre und natürlich viel Erfolg mit WBI.

Ing. Mag. (FH) Guntram Meusburger

*Der wahre Zweck eines Buches ist,
den Geist hinterrücks zum eigenen
Denken zu verleiten.*

Christopher Morley (1890–1957)
amerikanischer Herausgeber und Schriftsteller

2 Was ist Wissen?

Viele Menschen haben sich schon mit dem Begriff »Wissen« auseinandergesetzt. Viele sind schon zu bemerkenswerten, aber eben unterschiedlichen Ergebnissen gekommen. Daher gibt es in den einzelnen Fachrichtungen viele verschiedene Definitionen von Wissen.

In diesem Kapitel soll zunächst geklärt werden, welche Art von Wissen für die WBI-Methode relevant ist.

2.1 Wissen allgemein

Zu Beginn eine ganz einfache, allgemeine Definition des Begriffs Wissen: Springer Gabler definieren Wissen als

 (...) die Gesamtheit der Kenntnisse und Fähigkeiten, die Individuen zur Lösung von Problemen einsetzen. Wissen basiert auf Daten und Informationen, ist im Gegensatz zu diesen aber immer an eine Person gebunden.[2]

Wissen basiert also auf Daten und Informationen. Während Wissen immer an einen individuellen Träger gebunden, also personenabhängig ist, können Daten und Informationen auch personenunabhängig existieren.

Klar ist: Wissen ist eine der wenigen Ressourcen, die sich vermehrt, wenn sie gebraucht oder geteilt wird.

---

2   http://wirtschaftslexikon.gabler.de/Archiv/75634/wissen-v4.html; 03.03.2015

An dieser Stelle scheint es sinnvoll, einen Blick auf die – etwas vereinfachte – Wissenstreppe[3] zu werfen:

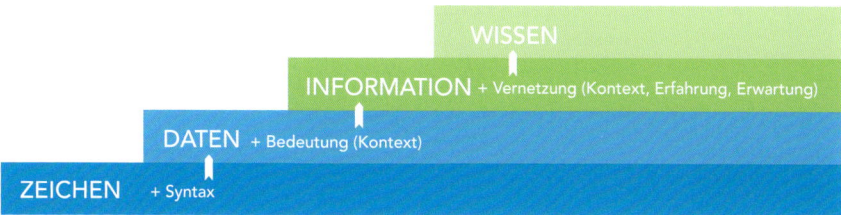

Abbildung 1: Wissenstreppe

Auf der untersten Stufe der Treppe stehen die Zeichen, die mithilfe der Syntax sinnvoll zu Daten kombiniert werden. Erst wenn die Daten eine Bedeutung erhalten, wird daraus Information. Auf der Basis von Information entsteht durch die Vernetzung schlussendlich Wissen.

Wissen ist also, wenn Menschen mit Informationen arbeiten, diese bewerten, vergleichen und verknüpfen. Robert Freund geht in seinem Blog über Wissen noch einen Schritt weiter und unterteilt es:

Wissen ist die Kombination von Daten und Informationen unter Einbeziehung von Expertenmeinungen, Fähigkeiten und Erfahrungen mit dem Ergebnis einer verbesserten Entscheidungsfindung.[4]

2.2   Implizites und explizites Wissen

Die Unterscheidung von explizitem und implizitem Wissen ist unmittelbar mit der Definition von Wissen verbunden. Sie wurde 1966 von Michael Polanyi eingeführt.

---

3   http://www.techsphere.de/pageID=wm02.html, 03.03.2015
4   http://www.robertfreund.de/blog/wissen/wissen-eine-definition/; 03.03.2015

Implizites Wissen ist unbewusst verfügbar. Es befindet sich im Kopf der Wissensträger und ist deshalb schwer zugänglich. Implizites Wissen ist mit den persönlichen Erfahrungen, dem Verhalten und den Wertvorstellungen des Trägers verbunden. Durch das Erfassen von Wissensdokumenten kann implizites Wissen explizit gemacht werden.

 Hat eine Mitarbeiterin der Personalabteilung alle wichtigen Schritte, die bei der Einstellung eines neuen Mitarbeiters relevant sind, im Kopf, spricht man von implizitem Wissen.

Explizites Wissen kann sprachlich in Form von Aussagesätzen, Grafiken, Zeichnungen und Zahlen ausgedrückt werden und lässt sich leicht verbalisieren. Das schriftlich erfasste Wissen kann somit gespeichert und ohne Auswirkungen auf das Wissen selbst verteilt werden. Durch diese sogenannte »Externalisierung« von Wissen wird es für einen erweiterten Personenkreis nutzbar.

 Wird das implizite Wissen der Mitarbeiterin aus der Personalabteilung schriftlich in einem Wissensdokument festgehalten, so wird daraus explizites Wissen. *Einige Beispiele für solche Wissensdokumente – kurz »WiDoks« – finden Sie ab Seite 150.*

Zu den Grundproblemen des betrieblichen Wissensmanagements gehört die Überführung von implizitem in explizites Wissen. Denn erst, wenn Wissen in irgendeiner Form dokumentiert vorliegt, ist es unternehmensweit nutzbar. Die WBI-Methode befasst sich mit beiden Formen des Wissens.

WBI hilft, das implizite Wissen der Wissensträger zu identifizieren und explizit zu machen. Danach wird das explizite Wissen im Rahmen des WBI-Prozesses verteilt, genutzt, weiterentwickelt und gesichert.

2.3 Unternehmenswissen

Das Wissen, das sich die WBI-Methode zunutze macht, wird als »Unternehmenswissen« bezeichnet. **Unternehmenswissen ist nur ein ganz kleiner, aber wichtiger Ausschnitt aus dem Wissenskosmos.** Doch wo in der Wissenswelt ist nun das Unternehmenswissen einzuordnen?

Abbildung 2: Wissenswelt

Auch der weniger gebräuchliche Begriff »Organisationswissen« oder auch »organisationales Wissen« kann benutzt werden, da die WBI-Methode nicht nur für Unternehmen geeignet ist. Sie kann auch für Vereine, Organisationen und öffentliche Institutionen adaptiert werden. WBI funktioniert also überall, wo Personen zusammenarbeiten.

Für WBI ist grundsätzlich das Wissen der Wissensträger relevant, das für die Ausübung einer bestimmten Tätigkeit oder für das Fällen von Entscheidungen von Bedeutung ist oder in Zukunft sein kann.

Es geht dabei nicht um Wissen im wissenschaftlichen oder gar erfinderischen Sinn, sondern um die Fragen, mit denen sich Entscheider in Unternehmen tagtäglich beschäftigen. Diese Fragen orientieren sich meist an den Kernprozessen der Unternehmen:

» Wie fertigen wir unser Produkt?
» Wie verkaufen wir es?
» Wo gibt es Verbesserungspotenzial?

Es sind Fragen, die ein Unternehmen jahrelang begleiten. Die Antworten darauf sollten daher in WiDoks explizit gemacht und gesichert werden. Der Aufwand wird sich in jedem Fall lohnen, da sie dem jeweiligen Unternehmen helfen, wirtschaftlich zu bleiben und so das Überleben zu sichern.

WBI bietet eine zielgerichtete Methode an, damit Wissensträger ihr Unternehmenswissen in eine explizite Form bringen können.

 Die Basis eines ganzheitlichen, betrieblichen Wissensmanagements ist der bewusste Umgang mit der Ressource Wissen. Dazu braucht es die richtige Philosophie in einem Unternehmen. Wissen muss strukturiert und organisiert werden. Deshalb arbeitet WBI mit Wissensdokumenten – den sogenannten »WiDoks«. Diese werden erfasst, freigegeben, verteilt, genutzt, weiterentwickelt, gesichert und in einer strukturierten Wissensdatenbank abgelegt. Das Hauptziel dieser Datenbank ist es, die richtige Information an die richtige Person zu liefern.

2.4 Wissensmanagement

Führungskräfte und Entscheider bilden in Unternehmen die Grundlage für Wissensmanagement. Sie sorgen dafür, dass den Mitarbeitern eines Unternehmens jene Informationen zur Verfügung gestellt werden, die sie zur erfolgreichen Bewältigung ihrer Aufgaben benötigen. Deshalb muss eine entsprechende Wissensbasis vorhanden sein, um das Erreichen der Unternehmensziele zu gewährleisten. Um sich damit aber eingehender befassen zu können, bedarf es an dieser Stelle einer Definition:

 Wissensmanagement bezeichnet den bewussten und systematischen Umgang mit der Ressource Wissen und den zielgerichteten Einsatz von Wissen in der Organisation. Damit umfasst Wissensmanagement die Gesamtheit aller Konzepte, Strategien und Methoden zur Schaffung einer ›intelligenten‹ also lernenden Organisation.[5]

Umgelegt auf das Unternehmen bedeutet das, dass Wissen gesteuert und nutzbar gemacht werden muss. So wird in Summe eine breitere, fundierte Basis für Entscheidungen geschaffen, die in Unternehmen von Führungskräften und Mitarbeitern tagtäglich getroffen werden müssen. Wissensmanagement ist somit ein komplexes, strategisches Führungskonzept, mit dem ein Unternehmen sein relevantes Wissen ganzheitlich, ziel- und zukunftsorientiert als wertsteigernde Ressource gestaltet.

 Unser Wissen ist nicht vorhanden, wenn es nicht benutzt wird.[6]

---

5   Reinmann-Rothmeier; Mandl; Erlach; Neubauer 2001, S.18
6   Igor Fjodorowitsch Strawinski (1882–1971)

Dieses Zitat verdeutlicht das Dilemma, in dem sich heute viele Unternehmen befinden. Vielen ist klar, dass die effektive Nutzung vorhandener Wissensressourcen einer der entscheidenden Faktoren für den Unternehmenserfolg ist. Trotzdem setzt sich Wissensmanagement nur langsam durch.

 Während Wissensmanagement vor rund 10 Jahren einen richtigen Hype erlebte, wird seine Bedeutung von Unternehmern heute zu gering eingeschätzt. Diese Fehlentwicklung gilt es zu erkennen und ihr ist unbedingt entgegenzusteuern.[7]

Es ist also wichtig, auf die Relevanz von Wissensmanagement hinzuweisen. Nur dann können Unternehmen zukünftig vermehrt das bestehende Wissen mittels Wissensmanagements für sich nutzbar machen.

Wissensmanagement kann aber auch im privaten Bereich sehr nützlich sein, wie folgendes Beispiel zeigt:

 Sie fahren vermutlich gerne in den Urlaub. Etwas wird Ihnen dabei nicht erspart bleiben: das Kofferpacken. Wie so oft wird gepackt und dennoch etwas vergessen.

Um sich diesen Ärger zu ersparen, ist es gut, eine Art Packliste zu erstellen. Darauf können Sie die vielen einzelnen Gegenstände, die in den Urlaub mit müssen, anführen. Mit dieser Methode ist eines sichergestellt: Sie vergessen nie mehr Ihre Zahnbürste oder Ihr Ladekabel.

---

7   http://www.wtwiki.at/wtwiki/kanzleiorganisation/strategische_kanzleifuehrung/mit_wissensmanagement_die_ueber
     lebensfaehigkeit_von_unternehmen_sichern; 03.03.2015

 Versetzen Sie sich doch einmal in diese Situation. Erstellen Sie eine Packliste, mit deren Hilfe Sie zukünftig nichts mehr für den Urlaub vergessen. Überlegen Sie danach, in welchen Situationen Sie im privaten Bereich schon unbewusst Wissensmanagement angewendet haben oder zukünftig gerne anwenden möchten.

2.5 Wissensbasis

Durch das Erfassen von Wissen entwickelt sich aus implizitem und explizitem Wissen systematisch eine Wissensbasis. Das geschieht unabhängig von einer technischen Lösung. Einige Unternehmen erfassen ihr Wissen im Intranet, manche speichern es in Dokumenten auf Laufwerken. Andere tippen ihr Wissen in E-Mails und senden es so an andere Mitarbeiter. Der kleinste gemeinsame Nenner ist dabei immer das explizite Wissen, also der Content selbst.

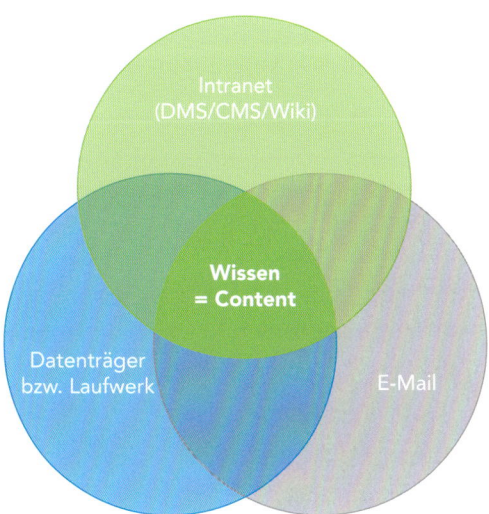

Abbildung 3: Wissen als kleinster gemeinsamer Nenner

Der Content bzw. das Wissen kann einerseits auf Basis von Dokumenten in einem Dokumenten-Management-System – kurz »DMS« – erfasst und verwaltet werden. Im DMS stellt ein Dokument eine einzelne, abgrenzbare und druckbare Einheit dar. Andererseits können Inhalte aber auch in einem Content-Management-System – kurz »CMS« – festgehalten werden. In einem CMS können Inhalte und deren Layouts komplett voneinander getrennt werden. Somit kann das zu erfassende Wissen sehr schnell im Corporate Design – kurz »CD« – veröffentlicht werden.

Egal, ob Wissen in Form von HTML-Content oder von Dokumenten in einem Unternehmen schriftlich festgehalten wird: Beim Wissensmanagement geht es vorrangig um die Organisation von Content.

 WBI hilft durch den WBI-Prozess, den Mitarbeitern verschiedene Inhalte zugänglich und nutzbar zu machen. Es setzt aber nicht die Wahl eines bestimmten Systems voraus, sondern passt sich flexibel an die unterschiedlichen Begebenheiten und bestehenden Systeme an.

Sei es eine analoge Sammlung von Wissen in einem Ordner oder auch eine digitale Sammlung von Dokumenten auf einem Datenträger bzw. Laufwerk – **WBI ist skalierbar und funktioniert somit unabhängig von der technischen Lösung. Der Beweis dafür ist die Tatsache, dass Georg Meusburger WBI ursprünglich analog eingesetzt hat.**

Das Ziel ist also immer dasselbe, aber der Weg dahin kann unterschiedlich sein. WBI priorisiert allerdings die dokumentenbasierte Arbeit mit Excel und Word, da diese Anwendungen sich in den meisten Unternehmen schon etabliert haben. Zudem bietet ein Dokument die Vorteile der Druckoptimierung, der einfachen Darstellung und der einfacheren Handhabung. WBI ermöglicht es Unternehmen also, Content einfacher und besser im Unternehmen zu integrieren.

Kurz & knapp

» Wissen ist die Gesamtheit der Kenntnisse und Fähigkeiten, die Individuen zur Lösung von Problemen einsetzen.

» Implizites Wissen befindet sich in den Köpfen von Personen.

» Explizites Wissen ist schriftlich erfasst.

» Die Wissensbasis wird aus implizitem und explizitem Wissen systematisch entwickelt.

» Unternehmenswissen ist das kollektive Wissen aller Mitarbeiter eines Unternehmens.

» Betriebliches Wissensmanagement ist der bewusste und systematische Umgang mit der Ressource Wissen sowie der zielgerichtete Einsatz von Wissen in einem Unternehmen.

3 Was ist WBI?

Im vorigen Kapitel wurde geklärt, mit welcher Art von Wissen sich WBI befasst. Im folgenden Kapitel soll nun der Begriff »WBI« genauer betrachtet werden.

3.1 WBI – ein Kürzel als Programm

WBI macht brachliegendes, verborgenes Wissen zielgruppengenau sichtbar und nutzbar. Daher kann es als praktische Methode des Wissensmanagements bezeichnet werden. Ziel der Management-Methode ist es, Unternehmen dadurch erfolgreicher zu machen und einen Mehrwert zu generieren.

Jeder praktiziert in irgendeiner Form Wissensmanagement, denn in vielen Unternehmen wird es bereits in den unterschiedlichsten Formen und Methoden eingesetzt. Deshalb ist es das Anliegen dieser Publikation, zu zeigen, wie Wissen **besser** integriert werden kann. WBI bedeutet daher simpel und einfach: **Wissen besser integrieren.**

WBI ist mehr als eine klassische operative Methode des Wissensmanagements. WBI ist eine Philosophie und somit ein wichtiger Teil der Unternehmenskultur. Die WBI-Methode basiert auf dem Prozess des Erfassens, Verteilens, Nutzens, Weiterentwickelns und Sicherns von Wissen und ist aus der Praxis entstanden. WBI baut auf bestehende Prozesse und Systeme in Unternehmen auf und bietet einen Werkzeugkasten mit wertvollen Tipps und Anregungen. Zwei Jahrzehnte Praxiserfahrung machen aus WBI eine gut anwendbare Methode für jedes Unternehmen.

Genau diese 20-jährige praktische Erfahrung bei Meusburger bildet die Grundlage für die Theorie, die in dieser Publikation beschrieben wird. Es handelt sich dabei um Anleitungen und Empfehlungen, wie Wissensmanagement einfach und unkompliziert in Unternehmen implementiert werden kann. Wie die Methode im Detail funktioniert, wird in den kommenden Kapiteln anhand von Beispielen und Einblicken in die Praxis demonstriert. Durch WBI konnte die Mitarbeiteranzahl bei Meusburger in den letzten zwanzig Jahren nahezu verzehnfacht werden: 2014 sind bei Meusburger mehr als 900 Mitarbeiter beschäftigt.

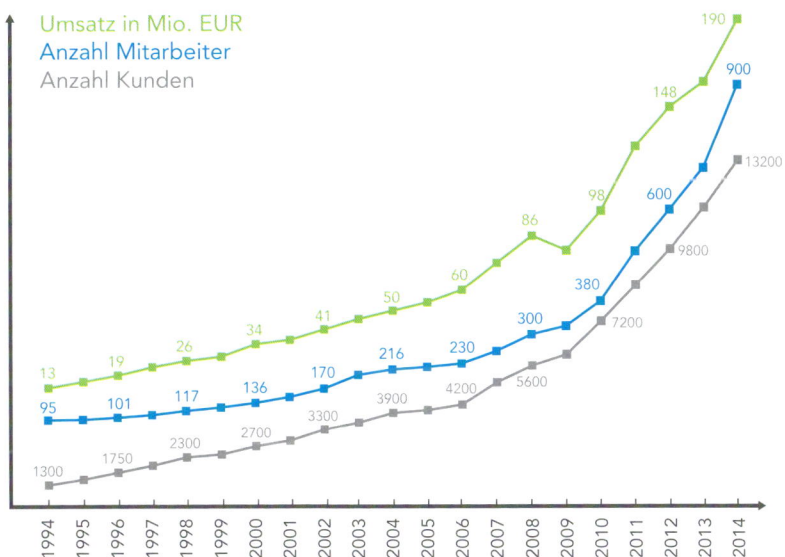

Abbildung 4: Die Entwicklung von Meusburger

Dieses enorme Wachstum wurde durch das Wissensmanagement begünstigt, da die neuen Mitarbeiter schneller und effizienter eingeschult werden konnten. Ein weiterer Grund für den Erfolg von Meusburger ist die Standardisierung bei der Produktion von hochpräzisen Normalien. **Die Philosophie der Standardisierung übertrug sich bei Meusburger nach einiger Zeit von den Produkten auf das Management des Unternehmens – so auch auf das Wissensmanagement.**

3.2 Die Anfänge von WBI

Alles begann bei der Meusburger Georg GmbH & Co KG in Wolfurt, Österreich. Als Erfinder der Methode darf Georg Meusburger, damaliger Geschäftsführer und Firmeninhaber, bezeichnet werden. Im Detail beginnt die Geschichte von WBI im Jahr 1995 bei einem seiner täglichen Betriebsrundgänge, die er dazu nutzte, um sich ein Bild über die Abläufe im Betrieb und deren Optimierung zu machen.

Bei einigen Stationen in der Produktion fiel ihm auf, dass sich Mitarbeiter Notizen gemacht hatten. Einer der Mitarbeiter hatte sich notiert, was er tun muss, um den Arbeitstisch zu rüsten. Bei einem zweiten stand eine Telefonnummer, die er bei Problemen mit der Maschine wählen konnte, und ein dritter hatte sich eine To-do-Liste für den Fall eines bestimmten Fehlers erstellt. Ein weiterer hatte aufgeschrieben, bei welchem Werkstoff er welche Schnittgeschwindigkeit fahren kann.

An dieser Stelle folgt ein kurzer Einblick in die Welt der Zerspanungstechnik: Wie soeben gehört, ist die Schnittgeschwindigkeit für Mitarbeiter bei Meusburger von großer Bedeutung. Unter Schnittgeschwindigkeit versteht man die Geschwindigkeit, mit der beispielsweise ein Sägeband durch einen Werkstoff geführt werden kann, ohne dass dieser oder die Säge beschädigt werden.
Die Schnittgeschwindigkeit wird in Metern pro Minute angegeben und ist wichtig für die Produktivität einer Maschine. Je höher die mögliche Schnittgeschwindigkeit, desto mehr Werkstücke können bearbeitet werden.
Allerdings wächst mit einer hohen Schnittgeschwindigkeit auch die Wahrscheinlichkeit, dass Material oder Maschine Schaden nehmen können. Faktoren wie die Beschaffenheit des Sägebands und die Wahl des Materials beeinflussen diese Größe ebenfalls.

Daher ist für das Einstellen der richtigen Geschwindigkeit die entsprechende Erfahrung eines qualifizierten Mitarbeiters notwendig: Das Arbeiten mit der optimalen Schnittgeschwindigkeit ist der wirtschaftlichste Weg, zu produzieren.

In diesem Beispiel hat sich also ein Mitarbeiter Notizen gemacht, bei welchem Werkstoff er auf welcher Maschine bei welcher Schnittgeschwindigkeit fährt. Er dokumentiert damit ein Wissen, das nicht nur für ihn selbst relevant ist, sondern das auch für alle anderen Facharbeiter an baugleichen Maschinen sehr wertvoll ist.

3.3 Aus Notizen werden Wissensdokumente

Die Notizen der Mitarbeiter waren wichtige und brauchbare Informationen, die die Arbeit erleichtern und die Effizienz steigern konnten. Georg Meusburger erkannte den Wert dieser handschriftlichen Notizen schnell und bat seine Mitarbeiter um die Erlaubnis, sie mitnehmen zu dürfen. Seine Assistentin schrieb die Informationen am Computer ins Reine und gab jedem entstandenen Dokument einen Titel und eine Dokumentennummer. **Aus den reinen Informationen wurden »Wissensdokumente« und somit explizites Wissen. Das war die Geburtsstunde von WBI.**

Mit den ausgedruckten Dokumenten ging Georg Meusburger wieder in die Produktionshallen und gab sie den jeweiligen Mitarbeitern zurück. Er bat sie, eventuelle Korrekturen oder Ergänzungen vorzunehmen, die dann von seiner Assistentin wieder im Dokument erfasst wurden.

Als alle Arbeitsschritte vollständig und richtig dokumentiert waren, bekamen die Mitarbeiter die jeweiligen Dokumente gesammelt zurück. Das gesammelte Wissen konnte dadurch auch an andere Mitarbeiter weitergegeben werden, sodass die Arbeit jedes Einzelnen erleichtert wurde.

Computer standen in der Produktion zum damaligen Zeitpunkt nicht zur Verfügung, weshalb die Mitarbeiter je einen Ordner mit den ausgedruckten Dokumenten erhielten. Die Ordner dienten ihnen fortan als Informationsquelle bei Fragen und Problemen mit den Maschinen. Diese analoge Arbeitsweise mit ausgedruckten Dokumenten in Ordnern ist der Beweis dafür, dass WBI theoretisch auch ohne Computer funktionieren kann. Mit der Zeit wurden natürlich auch weitere neue Dokumente in diesen Ordnern abgelegt.

 Noch heute werden bei Meusburger in einigen Bereichen der Produktion diese sogenannten »Info-Ordner« eingesetzt. Darin befinden sich ausgedruckte Wissensdokumente, die für die jeweiligen Mitarbeiter an den Maschinen relevant sind.

Diese ursprüngliche Form des Wissensmanagements bei Meusburger wurde entwickelt, weil Georg Meusburger ein kluger, umsichtiger Geschäftsmann ist und bereits damals gutes Gespür für Entwicklungspotenziale und Professionalisierung im Betrieb bewies.

Nach diesem ersten Schritt durch Georg Meusburger, der zu Beginn für die Mitarbeiter noch unüblich war, gewöhnten sich diese schnell an die Vorgangsweise des damaligen Geschäftsführers. Sie erkannten bald, worauf die Maßnahme hinauslaufen sollte. Die Vorteile lagen auf der Hand und gaben den Mitarbeitern die Gewissheit und Sicherheit, in bestimmten Situationen richtig zu agieren bzw. zu reagieren.

Der effiziente und effektive Umgang mit der Ressource Wissen war und ist ein entscheidender Faktor für den wirtschaftlichen Erfolg eines Unternehmens wie Meusburger – gerade in Zeiten starker Expansion.

Georg Meusburger sorgte also dafür, dass seine Assistentin alle Notizen der Mitarbeiter abtippte und somit das Wissen digital sicherte. Zur Qualitätssicherung wurde abschließend jedes Dokument, welches eine Nummer erhalten hatte, von ihm eigenhändig unterschrieben. **Er führte damit die Freigabe ein**. Erst nach dieser fachmännischen Prüfung wurden die Dokumente an die Mitarbeiter verteilt.

Mit der Zeit entwickelten sich die Dokumente weiter, sie durchliefen erneut den Freigabeprozess, wurden aktualisiert, optimiert und ersetzten so die alten WiDoks in den Ordnern.

Bei der genaueren Betrachtung des Beispiels mit der Schnittgeschwindigkeit wird klar, dass diese Digitalisierung des Wissens am Computer das Beispiel auf ein höheres Level hebt:

Durch die elektronische Erfassung am Computer gab es ab diesem Zeitpunkt ein Wissensdokument zum Thema Schnittgeschwindigkeiten. Darin wurden alle wichtigen Erfahrungen der Mitarbeiter sowie sonstige relevante Faktoren erfasst. Darauf basierend wurde eine Richtlinie für die Handhabung der Schnittgeschwindigkeiten an den unterschiedlichen Maschinen erstellt. Aber damit nicht genug. Das Wissen wurde ständig weiterentwickelt: Kamen neue Maschinen hinzu, so wurde das Dokument ergänzt und wieder verteilt. Wurden später beispielsweise vom Einkauf leistungsfähigere Sägebänder angeschafft, so wurde das Dokument adaptiert und anschließend in allen Ordnern ausgetauscht. Ein dynamisches, mitwachsendes Wissensdokument wurde geschaffen und lieferte den Mitarbeitern die Informationen, die sie zur erfolgreichen Bewältigung ihrer Aufgaben benötigten.

3.4 Von analogen Ordnern zur digitalen Datenbank

Als Guntram Meusburger, Georg Meusburgers designierter Nachfolger, im Jahr 1999 in das Unternehmen eintrat, waren bereits über 200 solcher Wissensdokumente im Umlauf. Da Georg Meusburger mit Leib und Seele Techniker ist, handelte es sich zu Beginn hauptsächlich um produktionsspezifische Wissensdokumente, die bei Meusburger als »Infoblätter« bezeichnet wurden.

Sie wurden damals noch in einem Aktenschrank gesammelt und verwaltet. Mit der Zeit weitete sich das betriebliche Wissensmanagement bei Meusburger auf die anderen Bereiche des Unternehmens aus. Weitere Wissensdokumente wurden erfasst. Je mehr solcher Dokumente es aber gab, desto schwieriger wurde das Handling.

An dieser Stelle zeigten sich die Schwachstellen des papierbasierten Systems mit Ordnern. Durch den rasanten Anstieg an Wissen im expandierenden Unternehmen wurden die manuelle Freigabe durch Georg Meusburger und die Verteilung in der Produktion immer aufwendiger. Die Anzahl an Dokumenten stieg ständig an, was den schnellen Zugriff auf die unterschiedlichen Wissensdokumente problematisch machte. Um die Suche zu erleichtern, entstanden erste Inhaltsverzeichnisse, die eine gute Übersicht boten. Aber kurz darauf trat das nächste Problem auf: die Benennung der Wissensdokumente.

» Unter welchem Stichwort oder Titel war welches Thema oder Dokument zu finden?
» Welcher Mitarbeiter verwendete welchen Begriff dafür?
» Wie sollte das Wording sein?

Schnell war klar: Eine Software-Lösung musste her. Daher wurde ein webbasiertes Dokumenten-Management-System (DMS) entwickelt, das als Wissensdatenbank genutzt wurde.

Das damals selbst entwickelte System ermöglichte einen Quantensprung im Wissensmanagement bei Meusburger: Der Übergang vom analogen Datenträger – Papier – ins digitale Zeitalter war geglückt. Doch es blieb nicht beim ursprünglichen System, denn auch dieses wurde weiterentwickelt und ständig optimiert.

Meusburger verfolgte jedoch ein größeres Ziel als eine rein technische Software-Lösung. Guntram Meusburger machte es sich zur Aufgabe, eine einfache, pragmatische Methode des Wissensmanagements zu entwickeln: eine Methode aus der Praxis für die Praxis.

3.5   Mensch – Organisation – Technik

Bei WBI werden die Gestaltung, die Umsetzung und die Einhaltung der organisatorischen Aufgaben des Wissensmanagements in den Vordergrund gestellt. Das geschieht unabhängig von der dazu verwendeten informationstechnologischen Lösung, denn Wissensmanagement ist kein Instrument, das den Schwerpunkt auf Informationstechnologie (IT) oder die elektronische Datenverarbeitung (EDV) legt, sondern vor allem die Organisation und die Menschen betrachtet.

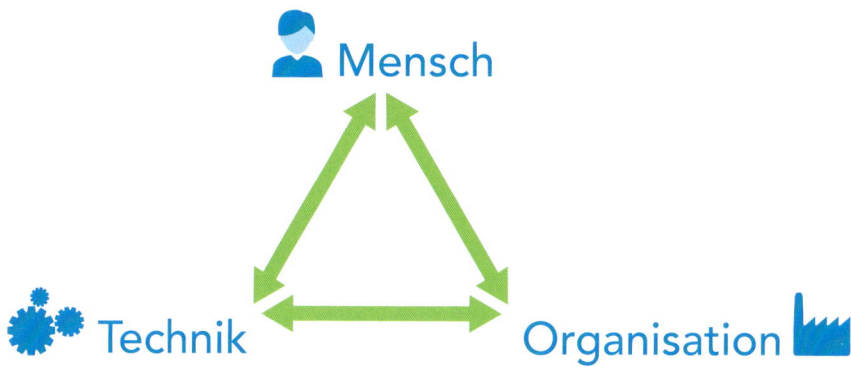

Abbildung 5: Spannungsdreieck M-O-T

Die Faktoren Mensch, Organisation und Technik sind voneinander abhängig und wirken zusammen auf die zu erfüllenden Aufgaben. Die Wechselwirkung der Faktoren beeinflusst daher auch den Erfolg oder Misserfolg von Wissensmanagement in einem Unternehmen.

Wie an der ursprünglichen, papierbasierten Methode von Georg Meusburger zu sehen war, kann Wissensmanagement grundsätzlich sogar ganz ohne technische Hilfsmittel funktionieren. Ausschlaggebende Faktoren sind hingegen die Organisationen und die Menschen, die darin arbeiten.

Die Sender und Empfänger von Wissen sind stets die Mitarbeiter, die Technik unterstützt diesen Vorgang nur. Denn Menschen beeinflussen organisationale Strukturen und können Einfluss auf die Nutzung von technischen Systemen nehmen. Weiters können sie auch bewusst die Nutzung eines technischen Systems verweigern, was bei einer überstürzten und unvorbereiteten Einführung von Wissensmanagement vorkommen kann.

Genauere Informationen zur Einführung folgen ab Seite 132 im Kapitel 9: »Wie führen Sie WBI erfolgreich ein?«.

Den größten Hebel beim Faktor Mensch sieht WBI bei den Entscheidern, also bei den Geschäftsführern und Führungskräften in einem Unternehmen: Nur wenn sie Wissensmanagement tagtäglich im Unternehmen konsequent vorantreiben, kann es auch gelingen.

3.6   Die Voraussetzung: Konsens und Konsequenz

Grundsätzlich zählt es zu den Kernaufgaben eines modernen Managements, die Ressource Wissen bestmöglich für den unternehmerischen
Erfolg einzusetzen. Das gelingt durch unkompliziertes und transparentes
Vorgehen in einer vernetzten Innen- und Außenwelt. Wer aber zählt nun
zum Management?

Bei der WBI-Methode sind es die Entscheider im Management des
Unternehmens, die den Weg vorgeben, ihn aber auch zu verantworten
haben. Die Nutzbarmachung des organisationalen Wissens ist eine der
wichtigsten Aufgaben der Geschäftsführung. Sie bietet durch die Einführung einer strukturierten Wissensdatenbank die Basis dafür, dass
explizites Wissen zugänglich und nutzbar wird.

Die WBI-Methode kann nur dann erfolgreich in einem Unternehmen
umgesetzt werden, wenn die Eigentümer und Geschäftsführer von der
Notwendigkeit des betrieblichen Wissensmanagements überzeugt sind.
Gerade auf Führungsebene muss Konsens über die Wichtigkeit der kon-
sequenten Umsetzung herrschen.

Wissensmanagement sollte als essenzieller Teil in das bestehende Unternehmensleitbild aufgenommen werden. Nur in einem offenen, transpa-
renten Unternehmen mit einem wissensorientierten Wertesystem kann
Wissensmanagement gelingen.

 Bei WBI stehen das Bewusstsein um das wertvolle Wissen
und das Verständnis der Methode im Vordergrund. Ziel
ist die schrittweise Hinführung zu einer funktionierenden
Lösung, von der Sie und Ihr Unternehmen profitieren
können.

Das Management von Wissen ist weder neu noch kompliziert. Es findet überall dort statt, wo Menschen zusammenarbeiten und dafür gesicherte Informationen zur Ausübung ihrer Tätigkeit benötigen. Wissensmanagement ist ein Geben und Nehmen.

In der Praxis hingegen ist immer wieder ein Argument zu hören: Wissensmanagement ist wichtig, aber es fehlt die Zeit dafür. Doch genau das Gegenteil ist der Fall: Je früher an einem systemischen Ansatz im Umgang mit Unternehmenswissen gearbeitet wird, desto eher treten die daraus resultierenden Vorteile an die Oberfläche und können so zu einem nachhaltigen, wirtschaftlichen Erfolg werden.

Kurz & knapp

» WBI steht für Wissen besser integrieren.

» WBI ist eine praktische Methode des Wissensmanagements und kann für jedes Unternehmen adaptiert werden.

» WBI macht brachliegendes, verborgenes Wissen zielgruppengenau sichtbar und nutzbar.

» Wissensmanagement befindet sich in einem Spannungsdreieck von Mensch, Organisation und Technik und setzt Konsens sowie Konsequenz voraus.

» WiDok steht für Wissensdokument. Ein WiDok ist eine abgegrenzte, druckbare Wissenseinheit zu einem bestimmten Thema.

4 Worin liegt der Nutzen?

Warum soll ein Unternehmen Wissensmanagement einführen? In diesem Kapitel werden relevante Vorteile des Wissensmanagements mit der WBI-Methode beschrieben, *eine Übersicht mit allen Vorteilen finden Sie auf Seite 150.*

4.1 Nutzen für Unternehmen

Klar ist, dass viele Unternehmer das Wissen in irgendeiner Form integrieren. Das Ziel muss es jedoch sein, den Entscheidern dieser Unternehmen mit der WBI-Methode zu helfen, das Wissen besser zu integrieren. Damit wird organisationales Wissen zu einem fundierten, zusätzlichen Steuerungsinstrument für sämtliche Aktivitäten Ihres Unternehmens, mit dem Sie Ihre Ziele erreichen. Natürlich ist die Einführung von Wissensmanagement mit einem gewissen Aufwand verbunden, insgesamt überwiegen jedoch die Vorteile.

4.1.1 Zeitlich und örtlich unbegrenzt verfügbar

Wenn ein Mitarbeiter vor einem Problem steht, gibt es oft ein Wissensdefizit, also einen Mangel an Know-how. Was macht er? Er zieht einen Kollegen oder Vorgesetzten zu Rate, der aber möglicherweise nicht sofort verfügbar ist. Die Lösung folgt daher oft erst zeitverzögert oder gar nicht. Die Alternative: **Der Mitarbeiter greift auf die zentrale Wissensdatenbank zu und somit auf das in den WiDoks gesicherte Wissen zurück.** Er arbeitet selbstverantwortlich und zeitnah an der Lösung, befragt im Zweifelsfall den Inhaltsverantwortlichen des Wissensdokuments und erledigt so schnellstmöglich seine Aufgabe. Der Mitarbeiter wird also weder zeitlich noch örtlich eingeschränkt.

4.1.2 Handlungsbefähigung

In Unternehmen fallen unterschiedliche Aufgaben an. Damit diese erfolgreich erfüllt werden können, sollte das dazu notwendige Wissen festgehalten werden. Dazu wird immer der Ist-Stand analysiert und in einem WiDok erfasst.

Ist das Wissensdokument veröffentlicht, kann darauf aufbauend eine entsprechende Handlung eines Mitarbeiters folgen.

Abbildung 6: Entwicklung von der Aufgabe zur Handlung

Mitarbeiter können also auf Basis von WiDoks eigenmächtig handeln, entscheiden, Auskünfte geben und somit Aufgaben besser erledigen. Die Handlungsfähigkeit der Mitarbeiter wird dadurch erhöht.

4.1.3 Zeitersparnis

Da die zentrale Wissensdatenbank als Basis für die Arbeit der Mitarbeiter dient, kommen diese rascher zu den gewünschten Informationen. Mitarbeiter und Führungskräfte können schneller und effizienter arbeiten, da auf das bestehende organisationale Wissen aufgebaut werden kann. Zudem werden mit Wissensmanagement abteilungsübergreifende Doppelarbeiten und Wiederholungsarbeiten vermieden.

Gerade wenn Sie neue Kräfte im Unternehmen einsetzen wollen, kann die Phase der Einarbeitung und Einschulung dieser neuen Mitarbeiter durch Wissensmanagement beträchtlich verkürzt werden. Die Expansion eines Unternehmens lässt sich so leichter beherrschen.

4.1.4 Optimierte, stabile Arbeitsabläufe

Je öfter ein und derselbe Arbeitsablauf durchgeführt wird, desto eher werden unnötige oder falsche Schritte erkannt und beseitigt. Daher ist es für alle Mitarbeiter möglich, das erfasste Wissen zu hinterfragen und Änderungen anzustoßen. Die Erkenntnisse und Erfahrungen dieser Mitarbeiter fließen in die WiDoks mit ein. Kollektives Wissen, das gemeinschaftlich entwickelt wird, ist oft nachhaltiger und deckt mehr Eventualitäten ab. Dadurch können Arbeitsabläufe und Prozesse effizienter und gewinnbringender weiterentwickelt werden. Die Ergebnisse sind optimierte Abläufe sowie eine gesteigerte Prozessstabilität.

4.1.5 Qualitätssteigerung

Wissensmanagement führt zwangsläufig nicht nur zu einer effizienteren und qualitativ besseren Arbeitsleistung, sondern erhöht auch den Wissensstand der einzelnen Mitarbeiter. Das wiederum führt zu einer qualitätsvolleren Arbeit bzw. zu besseren Leistungen.

Eine wesentliche Weiterentwicklung erfährt Unternehmenswissen dann, wenn ein WiDok von mehreren Personen und somit von mehreren Perspektiven betrachtet wird. Dadurch kann ein WiDok sehr gehaltvoll werden und über eine höhere Qualität verfügen. WBI verhindert zudem die Entstehung von redundanten Informationen.

4.1.6 Standardisierung

Bei der Standardisierung in Unternehmen gibt es verschiedene Aspekte, die erfolgsentscheidend sein können:

» In WiDoks können wiederkehrende Abläufe – wie beispielsweise ein Reklamationsablauf – festgehalten und als Standard definiert werden.

Die Arbeit der beteiligten Mitarbeiter wird dadurch erleichtert, da die genaue Vorgehensweise festgelegt und einsehbar ist.

» Durch die Standardisierung von Dokumenten können Inhalte geistig schneller erfasst und besser konsumiert werden. Diesen Vorteil nutzt die WBI-Methode vor allem bei der Gestaltung von Auswertungen und WiDoks *(siehe Tipp Seite 49 und Gestaltungsrichtlinien Seite 54).*

» Auch der WBI-Prozess, dem die WiDoks unterliegen, ist standardisiert und bildet die Grundlage für die Arbeit von Autoren, Führungskräften, Wissensmanagern und Nutzern.

4.1.7   Basis für Innovation

Das explizit gemachte Wissen ist ein Fundament für neue Ideen, bietet eine gemeinsame Ausgangsbasis und verringert den Abstimmungsaufwand im Unternehmen. Organisationales Wissen ermöglicht somit Innovationen bzw. Neuerungen und sichert das Unternehmen nach hinten ab. Erstmals erfasstes Wissen wird gesichert und ständig weiterentwickelt. Nur wer auf bestehendes Wissen aufbauen kann, hat die Möglichkeit, innovativ zu sein und sich weiterzuentwickeln.

4.1.8   Qualifikation der Mitarbeiter

WBI unterstützt Unternehmen bei der Qualifikation von Mitarbeitern. Beginnt ein neuer Mitarbeiter im Unternehmen, so wird ein Lehrplan erstellt und fixiert, welche Inhalte er erlernen soll. Die Arbeit mit WiDoks bietet sich vor allem für Unternehmen mit einer eigenen »Akademie« oder einem eigenen »Trainingscenter« an, da die entsprechenden WiDoks für Seminare und Schulungen herangezogen werden können.

Das Wissen wird somit vom Seminarleiter durch den Einsatz von WiDoks an die neuen Mitarbeiter weitergegeben. WiDok, Mitarbeiter und Seminarleiter stehen also in einer Verbindung zueinander.

 Gerade bei Schulungen ist es wichtig, dass das zu lernende Wissen beim Empfänger ankommt und auch verstanden wird. Daher werden bei Meusburger alle Schulungen auf Basis von WiDoks abgehalten. Als Grundlage dient dabei das ausgedruckte WiDok, das die Schulungsteilnehmer als Handout bekommen. Durch kurze, prägnante Schulungen wird das explizite Wissen zu implizitem Wissen bei den Lernenden. Müssen die Mitarbeiter später das Gelernte in verschiedenen Situationen anwenden, so wissen sie, dass es dazu ein WiDok gibt, und können zur Unterstützung auf dieses zurückgreifen. Schulungen sind dadurch wirkungsvoll und leicht personalisierbar.

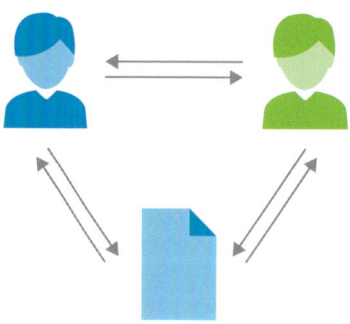

Abbildung 7: Sender-Empfänger-Modell

4.2 Vorteile für Mitarbeiter

Wenn von Vorteilen gesprochen wird, darf nicht auf den unmittelbaren Nutzen für die Mitarbeiter vergessen werden. Denn was antworten Sie auf die Frage nach den Vorteilen von Wissensmanagement bzw. WBI?
Natürlich können Sie eine sinnstiftende Antwort verweigern und die Nutzung von WBI einfach anordnen. Die Akzeptanz der Mitarbeiter wird dann aber gering sein. Wenn die Mitarbeiter jedoch erkennen, dass sie sich durch Wissensmanagement Zeit, Mühe und Arbeit ersparen können, wird ihre Motivation sicherlich steigen.

Was also können Sie Ihren Mitarbeitern auf diese Frage antworten? Hier einige Vorteile, mit denen Sie Ihre Mitarbeiter motivieren können:

» **Es gibt nur eine zentrale Quelle für Unternehmenswissen.**
» **Die Suche in der Wissensdatenbank ist schneller.**
» **Es gibt aktuelle, qualitativ hochwertige Inhalte und Informationen.**
» **Es gibt keine Informationsüberflutung.**
» **Es gibt keine redundanten Daten und Informationen.**
» **Rollen und Zuständigkeiten sind klar definiert und einsehbar.**
» **Doppelarbeit und wiederkehrende Fragen werden vermieden.**
» **Die Urlaubs-, Krankenstands- oder Karenzvertretung wird erleichtert.**
» **Der Mitarbeiter kann zeigen, was er kann, und seinen Beitrag zum Unternehmenserfolg leisten.**
» **Wertschätzung durch Kollegen und Vorgesetzte.**
» **Der Arbeitsablauf wird weniger oft durch Telefonate und Anfragen unterbrochen.**

Gerade der letzte Punkt ist ein großer Vorteil, der nicht außer Acht gelassen werden sollte: die Reduzierung von Störungen und somit die Minimierung von Stress. Bei Meusburger fällt die Ruhe im Hauptgebäude auf, denn durch die Wissensdatenbank müssen weniger Fragen am Telefon gestellt werden. Wer etwas über ein bestimmtes Thema wissen möchte, recherchiert zuerst in der Wissensdatenbank, bevor er es mit Arbeitskollegen bespricht. Somit können die störenden Telefonate und E-Mails auf ein erträgliches Maß reduziert werden. Durch das Mindestmaß an Störungen und Geräuschen nimmt auch die Hektik bei der Arbeit spürbar ab.

 Wenn Sie Ihrem Mitarbeiter all diese Vorteile dann auch noch anhand von passenden Beispielen vermitteln können, werden Sie ihn schnell für sich gewinnen. Erzählen Sie ihm doch einfach ein Beispiel aus seiner Abteilung. Er wird Sie sofort verstehen und die Vorteile klar erkennen.

Angenommen, Sie planen einen Kundenevent in Ihrem Unternehmen. Dieser Event findet zum wiederholten Mal statt und Sie wollen, dass dessen Ablauf standardisiert wird. Daher ordnen Sie die Erstellung eines WiDoks an. Daraufhin entsteht ein Dokument mit dem Titel »Kundenevent«. Bei der Reflexion der Veranstaltung gibt es einige Anregungen. Das WiDok wird daraufhin aktualisiert und optimiert, um die Wiederholung etwaiger Fehler zu vermeiden. So wird das Dokument weiterentwickelt und der Event zukünftig noch erfolgreicher.

Geht man davon aus, dass ein Mitarbeiter seinen Arbeitsplatz schätzt oder ihn zumindest gerne gesichert hätte, so ist der wirtschaftliche Erfolg des Unternehmens vermutlich auch in seinem Sinne. Falls ihn die obenstehenden Vorteile nicht überzeugen, fragen Sie ihn doch einfach direkt nach seiner Meinung:

» Finden Sie es sinnvoll, dass wir das Rad jedes Mal neu erfinden?
» Wäre es nicht sinnvoller, wenn wir den Ist-Stand erfassen und zukünftig als Basis nutzen?

WBI sorgt also auf mehreren Ebenen für Vorteile. Die Mitarbeiter kommen bei Fragen oder Problemen schneller zu einer praktikablen und richtigen Lösung. Sie können das gesammelte Wissen zunehmend in der täglichen Arbeit anwenden und bekommen dadurch mehr Sicherheit in ihrem Handeln. Gerade durch die ständige Optimierung und das Minimieren der vielen Fehlerquellen zeigt sich eine markante Effizienzsteigerung. Sowohl die WiDoks selbst als auch die WBI-Methode bringen dem Unternehmen also einen ganzheitlichen Nutzen.

Kurz & knapp

» WBI macht Wissen unbegrenzt verfügbar.

» WBI macht organisationales Wissen zu einem wichtigen zusätzlichen Steuerungsinstrument für das Unternehmen.

» Wissensmanagement bietet in den Bereichen Qualität, Zeitersparnis, Innovationskraft, Motivation sowie Sicherheit eine Vielzahl von Vorteilen. Diese gelten für Mitarbeiter und Führungskräfte.

» Durch kollektives Wissen werden Abläufe optimiert und stabilisiert.

» WBI unterstützt und optimiert die Kommunikation im Unternehmen.

» WBI bildet die Basis für Innovationen und sichert nach hinten ab.

5 Was ist ein WiDok?

An dieser Stelle geht es nun um das zentrale Element, auf dem die gesamte WBI-Methode aufbaut, das »Wissensdokument«. Die dazu-gehörige Abkürzung »WiDok« ist ja in den vorangegangenen Kapiteln schon einige Male gefallen. WiDoks sind Dokumente, die aus wertvollem Unternehmenswissen bestehen. *Einige Beispiele für WiDoks finden Sie ab Seite 150.*

Jedes WiDok soll immer nur jene Informationen enthalten, die in der Anwendung auch tatsächlich benötigt werden: so wenig, wie mög-lich – so viel, wie nötig. Ein WiDok darf nur relevantes, aktuelles und richtiges Wissen beinhalten.

In einem lernenden, sich entwickelnden Unternehmen werden täglich WiDoks erstellt, weiterentwickelt, angewendet und in der Wissens-datenbank gesichert. WiDoks bilden in ihrer Gesamtheit ein maßgeb-liches Segment in der Darstellung des Unternehmenswertes.

5.1   Das WiDok als zentrales Element

Das WiDok ist das zentrale Element der WBI-Methode und der wichtigste Bestandteil des WBI-Prozesses, der rund um das WiDok stattfindet. Das WiDok und somit auch der WBI-Prozess sind wiederum Teil der Unter-nehmenskultur. Alle drei Ebenen sind eng miteinander verbunden und stehen in Abhängigkeit zueinander.

Der standardisierte Prozess, *der ab Seite 64 in Kapitel 6: »Wie funktioniert der WBI-Prozess?« genauer beschrieben wird,* beginnt damit, dass Wissen in einem Wissensdokument explizit gemacht wird.

Abbildung 8: Die Einbettung des WiDoks

5.2   WiDoks im Unternehmensalltag

In jedem Bereich eines Unternehmens läuft eine Vielzahl an Informationen und Dokumenten zusammen. Bereichsabhängig sind deshalb WiDoks aufzufinden, die entweder intern oder abteilungsübergreifend genutzt werden können.

Meusburger verfügt über mehr als 3.000 WiDoks, die alle auf derselben Vorlage basieren. Diese Vorlage gibt gewisse Bestandteile für den Dokumentenkopf vor, die verpflichtend auf jedem Wissensdokument angeführt werden müssen. Erst nachdem die Bestandteile des Dokumentenkopfs fixiert sind, wird die ausgereifte Vorlage bei Meusburger zur Nutzung freigegeben.

Um ein WiDok so nutzerfreundlich wie möglich zu gestalten, sollte es in seiner ursprünglichen Form in einem der gängigen Datei-Formate wie Word, Excel oder PowerPoint vorhanden sein. Wichtige Grundeigenschaften des WiDoks sind die einfache Editierbarkeit sowie die Druckfähigkeit.

Gedruckte WiDoks kommen bei Meusburger bei nahezu jedem Arbeitsgespräch zur Anwendung – *mehr Informationen dazu in Kapitel 6.1.1.* Wichtig ist es, die WiDoks überschaubar zu gestalten, denn ein WiDok bildet eine Einheit – also eine Art »Wissensportion«. Frei nach dem Motto **»Eine Seite ist notwendig, zwei sind in Ordnung, drei sind zu viel«** sollte es dem Leser innerhalb kürzester Zeit möglich sein, den Inhalt des WiDoks zu erfassen. Lange Fließtexte sollten vermieden werden. Arbeiten Sie stattdessen mit Aufzählungen.

Denn wie schon Charlotte von Stein einst an ihren guten Freund Johann Wolfgang von Goethe schrieb:

Lieber Freund, entschuldige meinen langen Brief, für einen kurzen hatte ich keine Zeit.[8]

Eine Möglichkeit, den Text so kurz wie möglich zu halten, ist der Einsatz von Fotos, Zeichnungen, Grafiken und Tabellen. Dadurch können komplexe Inhalte oder Situationen ohne viel Text dargestellt werden. Mitarbeiter können die Inhalte schnell erfassen und mögliche Unterschiede besser erkennen.

WiDoks sollten zudem in einer allgemein verständlichen Sprache verfasst sein. Nur so ist das Wissen der Mitarbeiter im Arbeitsalltag vermittelbar. In den unterschiedlichen Branchen gibt es eine Vielzahl von Fachbegriffen, speziellen Ausdrücken und verschiedenen Formulierungsweisen. Eine solche Unternehmenssprache entsteht oft unbewusst und bildet eine einheitliche Basis für die Kommunikation im Betrieb. **Das Fehlen einer gemeinsamen, allgemein verständlichen Sprache kann zu Kommunikationsproblemen und Missverständnissen zwischen Wissensträgern und Nutzern führen.**

8   Charlotte von Stein (1742–1827) in einem Brief an Johann Wolfgang von Goethe

5.3 Arten von WiDoks

Um aufzuzeigen, welche WiDoks auch bei Ihnen zum Einsatz kommen könnten, seien folgende Beispiele angeführt.

Markieren Sie die für Ihr Unternehmen relevanten WiDoks. Welche werden bereits eingesetzt? Welche könnten für das Unternehmen zukünftig relevant sein?

Anleitungen, Tipps & Hinweise

» Arbeitsanweisungen
» Bedienungsanleitungen
» Betriebsabläufe
» Mitarbeiterknigge

Betriebsinformationen

» Imagetexte
» Kostenstellenliste
» Telefonlisten
» Unternehmenskennzahlen

Checklisten

» Einstellung Lehrling
» Journaldienst
» Kundenevent
» Messestand
» Messevorbereitung
» Mitarbeiter Ein-/Austritt
» Mitarbeiterevent
» Schulung
» Werbemittelversand

Dokumentationen

» Anwenderberichte
» Kommunikation intern/extern
» Programmierung
» Prozessdarstellungen
» Statusberichte
» Testberichte

Evaluierungen

» Evaluierungen Mitarbeiter
» Evaluierungen Kunden
» Sicherheitsevaluierungen

Formulare & Vorlagen

» Bestellformulare
» Besuchsformulare
» Briefvorlagen
» Faxvorlagen
» Formulare für Messekontakte
» Spesenabrechnungen
» Wareneingangsformular

Präsentationen

» Firmenpräsentationen
» Produktpräsentationen

Planungen & Strategien

» Arbeitsplanungen
» Einschulungsplanungen
» Investitionsplanungen
» Markteinführungsstrategien
» Mediaplanung
» Personalstrategien
» Projektplanungen
» Reiseplanungen
» Ressourcenplanungen
» Urlaubsplanungen
» Werbestrategien
» Zielvereinbarungen

Produktinformationen

» Produktspezifikationen
» Whitepapers
» Materialzertifikate

Richtlinien & Anweisungen

» Arbeitsschutzmaßnahmen
» Arbeitszeitenregelungen
» Betriebsvereinbarungen
» Gestaltungsrichtlinien
» Sicherheitsvorschriften
» Verpackungsrichtlinien
» Zahlungskonditionen

Schulungsunterlagen

» Seminarunterlagen
» Präsentationsvorlagen
» Unterlagen für Kursleiter
» Vorträge

Auswertungen & Analysen

» Auswertungen
» Datenblätter
» Kundenanalysen
» Lageranalysen
» Marktanalysen
» Projektauswertungen
» Risikoanalysen
» Zugriffsanalysen

usw.

Einige Beispiele für WiDoks finden Sie ab Seite 150.

Erkennen Sie nun, worum es bei Wissensmanagement mit der WBI-Methode geht?

Das Ganze ist keine Hexerei, sondern eine einfache, pragmatische Anleitung, wie Sie bestehende Dokumente und relevante Inhalte nutzbar machen können. Es ist eine Art Management-Handbuch mit dem Ziel, Ihnen zu zeigen, wie Sie Ihr Unternehmenswissen besser integrieren bzw. managen können.

Besonders bei Auswertungen ist es wichtig, dass sie wie WiDoks gemanagt werden. Denn in einem Unternehmen geht es immer um dieselben Themen, weshalb auch immer dieselben Dinge ausgewertet werden.

Bei Auswertungen ist es wichtig, Beobachtungen über einen längeren Zeitraum durchzuführen, um ein Gefühl für die Kennzahlen zu bekommen. Weiters sollte man in Auswertungen Entwicklungen darstellen und Vergleiche anstellen. Die beteiligten Personen sollten die Auswertungen immer möglichst schnell erfassen können, weshalb es ratsam ist, für diese eine einheitliche Sprache und Gestaltung zu verwenden.

Zu vermeiden ist daher, dass bei jeder Besprechung unterschiedliche Auswertungen gemacht werden, in welchen dann auch noch die verschiedenen Interessensgruppen die Sachverhalte unterschiedlich darstellen.

5.4 Metadaten von WiDoks

Das aus dem Griechischen stammende Wort »metá« bedeutet »jenseits« bzw. »darüber hinaus«. Also sind Metadaten Informationen, die über die herkömmlichen Informationen hinausgehen und ein Dokument beschreiben. Sie dokumentieren Merkmale und Eigenschaften, die nötig sind, um Dokumente zu organisieren.

Die folgende Abbildung zeigt, welche wichtigen sichtbaren Metadaten bei der Anwendung der WBI-Methode empfohlen und bei Meusburger als »Dokumentenkopf« eingesetzt werden. Diese Bestandteile machen WiDoks effizient:

Abbildung 9: Empfohlene Metadaten im Dokumentenkopf

5.4.1 Titel des WiDoks

Jedes Dokument erhält einen Namen bzw. Titel. Ähnlich einer journalistischen Schlagzeile oder einem Buchtitel soll er eindeutig Aufschluss über den Inhalt geben und gleichzeitig kurz und prägnant gehalten sein. Um den Dokumentenkopf einzeilig zu halten, werden kurze Titel empfohlen. Alle anderen Informationen für die Suchoptimierung sollen als Metadaten eingegeben werden.

Um WiDoks bestmöglich wiederauffindbar zu machen, sollte die Bezeichnung so eindeutig wie möglich gewählt werden. Kommen eher allgemein gehaltene Begriffe wie »Übersicht«, »Zusammenfassung« o. ä. zur Anwendung, erscheinen bei einer späteren Suche kaum zu unterscheidende Suchergebnisse.

5.4.2 Kurzzeichen, Name und Durchwahl

Um das WiDok zuordnen zu können, sollte unter dem Titel der Autor angeführt werden. So kann bei eventuellen Rückfragen schnell und effizient kommuniziert werden. **Denn die Kommunikation zwischen Nutzern und Autoren ist ein wesentlicher und wichtiger Bestandteil von WBI.**

Für jeden Benutzer wird im System ein eindeutiges Kurzzeichen reserviert. Die Form des Kurzzeichens ist frei wählbar, sie muss aber einheitlich verwendet werden. Im Dokumentenkopf des WiDoks wird der Autor mit seinem Namen und Kürzel vermerkt. Dies dient der eindeutigen Identifikation des Wissensträgers.

Eine bewährte Methode für die Vergabe von Kurzzeichen ist die Verwendung der ersten beiden Buchstaben des Zunamens sowie von ein oder zwei Buchstaben des Vornamens.

» 4 Zeichen: Sebastian Meier = MESE
» 3 Zeichen: Max Mustermann = MUM

Das Hinzufügen einer Telefon-Durchwahl neben dem Kurzzeichen und dem Namen ermöglicht eine rasche Kontaktaufnahme mit dem Autor.

5.4.3 Einmalige Dokumentennummer

Ab dem Moment seiner elektronischen Erfassung wird jedes Dokument mit einem »Dokumentenkopf« versehen. Hieraus ist die Dokumentennummer ersichtlich. **Solange es sich um ein Dokument handelt, das nicht in der Wissensdatenbank gesichert ist, bekommt es nur eine Null-Nummer, also »00000«.** Wird ein Dokument jedoch in die Wissensdatenbank aufgenommen, bekommt es eine einmalige Dokumentennummer. Über diese Nummer kann jedes Dokument identifiziert werden. Eine nachträgliche Änderung dieser Zuordnung ist nicht möglich. Die Nummernvergabe sollte automatisch und fortlaufend über das System erfolgen.

 Abhängig von der Software können meist genaue Nummernkreise für die Dokumentennummern definiert werden. In Organisationen mit bis zu 200 Mitarbeitern bieten sich vierstellige Dokumentennummern an (0001 bis 9999). Bei Organisationen mit mehr Mitarbeitern hingegen fünfstellige Nummern (00001 bis 99999).

Durch die einmalige Dokumentennummer kann zudem eindeutig signalisiert werden, dass es sich bei diesem Dokument um ein WiDok handelt. Im Arbeitsgespräch oder in einem E-Mail kann so auf das Dokument verwiesen werden und in einer Wissensdatenbank wird es durch die Nummernsuche schneller gefunden.

5.4.4 Datum der letzten Bearbeitung

Dieser Wert gibt Auskunft über die Aktualität des Dokuments. Anhand des Datums ist ersichtlich, wann es zuletzt bearbeitet wurde. Es ist daher wichtig, nach jeder Bearbeitung das Datum anzupassen und den Dokumentenkopf zu aktualisieren.

Systembedingt kann die Aktualisierung des Datums auto-
matisch oder manuell erfolgen, wobei eine automatische
Aktualisierung eine deutliche Arbeitserleichterung für die
Mitarbeiter darstellt.

5.4.5 Versionsnummer

Die Versionsnummer dient der Verfolgung der zeitlichen Entwicklung
und wird auf jedem WiDok im Dokumentenkopf angeführt. Durch diese
Nummer ist für alle ersichtlich, in welcher Version das aktuelle Dokument
vorliegt. Dem Arbeiten mit veralteten Daten sowie Missverständnissen
wird dadurch vorgebeugt. Somit können alle Mitarbeiter auf das aktuelle,
versionsgleiche Wissen in der zentralen Wissensdatenbank zugreifen.

» WiDoks, die bereits in der Wissensdatenbank veröffentlicht wurden,
haben eine Hauptversionsnummer (z. B. 1.0, 3.0 oder 8.0).
Vorkommastellen zeigen die Anzahl der Veröffentlichungen an.

» Neue Dokumente, die noch nie veröffentlicht wurden, sowie Entwürfe
von Dokumenten, die gerade bearbeitet werden, bekommen eine
Nebenversionsnummer (z. B. 0.1 oder 7.3). Nachkommastellen geben
an, wie viele Nebenversionen seit der letzten Veröffentlichung erstellt
wurden.

5.4.6 Seitenanzahl

Die Seitenanzahl gibt die aktuelle Seite und die Gesamtanzahl der Seiten
eines Dokuments an. In ausgedruckter Form ist dadurch sofort ersichtlich, wie umfangreich das Dokument ist und ob es in vollständiger Form
vorliegt. Dadurch wird sichergestellt, dass nicht nur mit richtigen Informationen, sondern auch mit vollständigen Dokumenten gearbeitet wird.

5.5   Gestaltungsrichtlinien für WiDoks

Um Mitarbeitern und Führungskräften die Arbeit mit WiDoks zu erleich-
tern, ist eine einheitliche Gestaltung wichtig. Daher ist es ratsam, ein
Corporate Design – kurz »CD« – für WiDoks festzulegen. Im CD wird die
Aufmachung des Dokumentenkopfs – also der sichtbaren Metadaten –
definiert. **Dieser standardisierte Dokumentenkopf muss auf jedem
Dokument in einem Unternehmen abgebildet sein – egal, ob es sich
um ein WiDok mit einer Dokumentennummer oder ein normales
Dokument mit Null-Nummer auf einem Laufwerk handelt.**

Somit ist für ein Dokument die erste Hürde genommen, wenn es später
zu einem WiDok werden soll, da alle Metadaten bereits vorhanden sind.
Außerdem ist der Aufwand für die Umwandlung in ein WiDok somit geringer, da nur noch die Nummer gelöst werden muss.

Weitere Vorgaben können in den »Gestaltungsrichtlinien« fixiert werden.
Diese werden in einem WiDok festgehalten und in der Wissensdatenbank
gespeichert, damit sie für alle Autoren zugänglich sind. Folgende Punkte
sollten dabei berücksichtigt werden:

» Schriftart
» Schriftgröße
» Farben zur Gestaltung von Texten und Grafiken
» Schreibweise des Datums
» Schreibweise von Quellenangaben
» Schreibweise von Namensangaben
» Wahl der Diagramme (Kuchen, Balken etc.)
» Tabellenformatierung

*Ein Beispiel für solche Gestaltungsrichtlinien finden Sie im Muster-WiDok
auf Seite 151.*

Eine Investition in Wissen bringt immer
noch die besten Zinsen.

Benjamin Franklin (1706–1790)
nordamerikanischer Verleger, Schriftsteller und Erfinder

EXKURS: Der fleißige Gärtner Heinrich – von Sonnenblumen, Unkraut und Wissen

Es ist Frühling geworden. Wie jedes Jahr kann es Heinrich kaum erwarten, sich wieder um seinen Garten zu kümmern. Ganz schön mitgenommen sieht er jetzt nach dem langen und frostigen Winter aus. Heinrich ist froh, als die Tage endlich wärmer werden und er den Garten wieder in erstklassigen Zustand bringen kann. Er ackert, jätet, sät und gießt.

Manchmal redet er auch mit den Pflanzen, die in seinem Garten wachsen. Aber natürlich nur, wenn er alleine ist, denn eigentlich darf das niemand wissen. Sonst hält man ihn noch für verrückt. Die Nachbarn wundern sich oft über den immensen Aufwand, den Heinrich auf sich nimmt. Jeden Tag kümmert er sich um die Pflanzen. Die Nachbarn schütteln oft nur den Kopf.

Der Garten gedeiht, bis Heinrich eines Tages plötzlich erkrankt. Er kann sich eine Zeit lang nicht mehr um seinen Garten kümmern. Immerhin haben sich zwei Nachbarn bereit erklärt, sich um das Notwendigste zu kümmern. Doch die Krankheit ist schwerer als erwartet und Heinrich liegt zwei Wochen lang im Bett. Kaum ist er aber wieder bei Kräften, zieht es ihn sofort wieder in seinen geliebten Garten.

Als er ihn erblickt, trifft ihn fast der Schlag! Was ist nur geschehen? Von seinem gepflegten Garten ist nicht mehr viel übrig. Wo man hinblickt, wuchert Unkraut. Wie konnte das passieren? Sind die Nachbarn schuld, weil sie ihr Versprechen nicht gehalten und sich nicht um den Garten gekümmert haben? Oder hat Heinrich einfach zu wenige Anweisungen gegeben? Nun ja, vielleicht beides. Auf jeden Fall lohnt es sich, diese Situation zu analysieren.

Jeder Gärtner wird bestätigen können: Unkraut kommt immer von selbst. Unkraut stellt sich leider oft in den Vordergrund und es dauert nicht lange, bis die zuvor gut gepflegten Pflanzen im Unkraut untergehen.

Hin und wieder passiert es jedoch auch, dass aus einem zarten Pflänzchen, das als Unkraut bezeichnet wurde, plötzlich eine wunderschöne, große Sonnenblume wächst. Daher stellt sich die Frage: Was ist Unkraut? Ist das für jeden klar oder kann es unterschiedliche Ansichten geben? Vor allem aber drängt sich eine weitere Frage auf: Wie gut muss man geschult sein, um schon bei der Entstehung der Pflanze entscheiden zu können, ob etwas Unkraut ist oder nicht? Heinrich hatte es beispielsweise mit sehr viel Erfahrung, Geschick und erheblichem Aufwand geschafft, Unkraut komplett zu unterdrücken.

Wenden wir uns an dieser Stelle den Nachbarn zu: Haben sie ihr Versprechen gebrochen? Oder konnten sie einfach nur nicht zwischen Unkraut und Pflanzen unterscheiden? Erinnern wir uns zurück: Sie haben versprochen, sich um »das Notwendigste« im Garten zu kümmern. Leider kann darunter alles Mögliche verstanden werden. Für Heinrich gehört das Jäten auf jeden Fall dazu. Für die Nachbarn bedeutet das Notwendigste jedoch nur, den Garten zu gießen, damit die Pflanzen nicht absterben. Denn die Nachbarn haben den Sinn des Gartens nicht verstanden und waren deshalb nicht motiviert, diesen enormen Aufwand, den Heinrich betrieben hat, auf sich zu nehmen.

Was hätte also passieren müssen, damit sich der Zustand von Heinrichs Garten während seiner Abwesenheit nicht verschlimmert hätte und er mit dem Ergebnis zufrieden gewesen wäre? Lassen Sie uns gemeinsam ein alternatives Ende überlegen! Aber es gilt die Bedingung, dass wir weder einen anderen Ersatz für Heinrich suchen noch die Nachbarn einer Gehirnwäsche unterziehen.

Wir dürfen aber davon ausgehen, dass wir sehr innovativ sind und etwas Neues erfinden können. Zuerst entscheiden wir, einen zweiten Garten anzulegen. In diesem Garten darf nur nach vorgegebenen Regeln gearbeitet werden. Das bedeutet für Heinrich, dass auch er sich an diese neuen Regeln halten muss. Das gefällt ihm zuerst gar nicht und er ist sehr skeptisch. Doch wir wühlen in der Trickkiste und bieten ihm eine magische Folie an, die im ganzen Garten ausgelegt wird. Die Folie ist praktisch unsichtbar und hat keinerlei Auswirkungen auf seinen Garten. Doch genau diese Folie soll das Grundproblem lösen: Sie hält das Unkraut zurück und fördert zugleich auch die Entwicklung der erwünschten Pflanzen und Blumen.

Findet Heinrich eine schöne Pflanze, so kann er diese durch ein Loch in der magischen Folie befreien und sie kann wachsen. Den wertvollen Gewächsen wird durch die Löcher also der Weg nach oben freigegeben. Die Pflanzen über der Folie werden dann bevorzugt behandelt und können nicht mehr durch das Unkraut überwuchert werden.

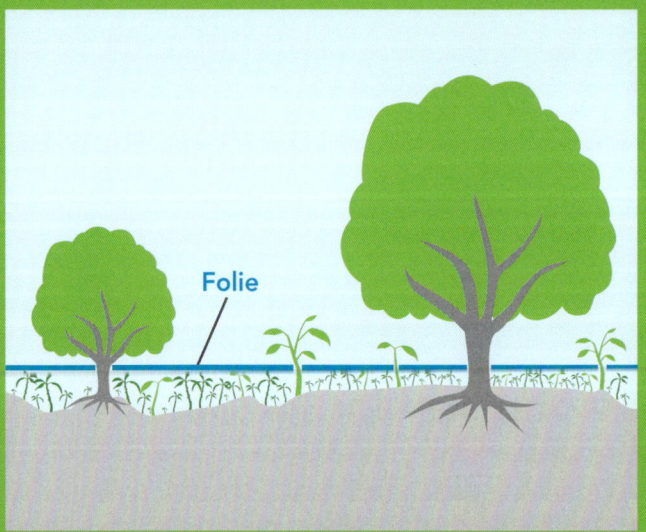

Abbildung 10: Die magische Folie in Heinrichs Garten

Sollte unter dem Unkraut aber etwas Neues, Gutes entstehen, kann Heinrich einfach weitere Löcher in die Folie schneiden und schon wächst die nächste blühende Pflanze heran.

Heinrich entscheidet also, welche Pflanzen es durch die Folie nach oben schaffen sollen. Er hat dafür seine Regeln bzw. Kriterien und hält sich daran, damit der Garten so schön bleibt, wie er ist. Falls Heinrich wieder einmal erkrankt, können nur die Pflanzen weiterwachsen, die es bereits durch die magische Folie geschafft haben – das Unkraut kann hingegen nicht mehr wuchern.

So wird seine mühevolle Arbeit zukünftig nicht mehr durch das schnell wachsende Unkraut vernichtet. Doch wie lauten diese Regeln bzw. Kriterien, nach denen Heinrich entscheidet, welche Pflanze nützlich ist und welche nicht? Eine berechtigte Frage!

Das folgende Kapitel gibt die Antwort auf diese Frage – jedoch im Bezug auf Wissensmanagement in einem Unternehmen…

5.6   Kriterien für die Erstellung von WiDoks

Nicht jedes Dokument, das Wissen enthält, hat das Potenzial für ein WiDok. Die Entscheidung, ob ein Thema als WiDok in die zentrale Wissensdatenbank des Unternehmens aufgenommen werden soll, liegt im Ermessen der Führungskräfte und basiert auf bestimmten Kriterien.

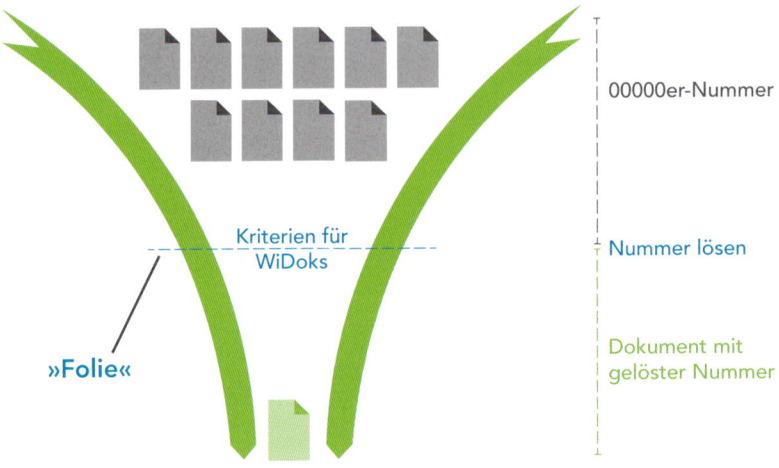

Abbildung 11: Selektieren von WiDoks anhand der Kriterien

Oft gibt es eine Vielzahl von Dokumenten mit einer Null-Nummer, aber nur wenige davon erfüllen die Kriterien und werden zu WiDoks mit Nummern. Das Verhältnis beträgt etwa 10:1.

Wissen, das nicht in Handeln mündet, ist interessant, aber nicht relevant.[9]

Daher ist es wichtig, abzugrenzen, welches Unternehmenswissen für WBI relevant ist.

---

9   Hans-Jürgen Quadbeck-Seeger (*1939)

Wenn mindestens eines der folgenden Kriterien erfüllt ist, sollte ein WiDok erstellt werden:

» Die Nachfragen zu einem Thema oder einer bereits erarbeiteten Problemlösung wiederholen sich.

» Mehrere Personen setzen sich mit einem Thema auseinander und arbeiten daran.

» Das Thema bezieht sich auf das Kerngeschäft des Unternehmens und muss daher gesichert werden.

» Über den Inhalt des WiDoks wird ein nachhaltiger Nutzen erzielt.

» Das erfasste Wissen dient einem erweiterten Nutzerkreis.

» Ein Vorgesetzter will einen neuen Arbeitsablauf einführen.

» Das WiDok hat eine hohe Nutzungsfrequenz.

» Das WiDok dient der Entflechtung der Komplexität.

» Es wird mit viel Energie und Aufwand an einem WiDok gearbeitet.

» Das WiDok stellt einen Ist-Zustand dar und begünstigt deshalb qualitativ hochwertige Entscheidungen.

» Das Thema hat Innovationspotenzial.

WBI beginnt also, sobald ein Mitarbeiter ein Word- oder Excel-Dokument öffnet. Es bekommt einen Dokumentenkopf und einen Titel. Ab hier entstehen Aufwände und dadurch auch ein Wert. Angenommen, eine Minute eines Mitarbeiters kostet einen Euro: Nun muss entschieden werden, ob dieses Geld investiert werden soll oder ob der Aufwand unnütz und wertlos ist. Anfangs ist es für Führungskräfte vielleicht noch schwierig zu erkennen, ob aus einem Dokument ein WiDok werden soll oder nicht. **Die Erfahrungen bei Meusburger haben jedoch gezeigt, dass die Vorgesetzten mit der Zeit eine Art »Radar« dafür entwickeln, ob die Relevanz für ein WiDok gegeben ist oder ob es sich nur um eine »Eintagsfliege« handelt.**

5.7 Gründe gegen die Erstellung von WiDoks

Neben den Gründen, die für ein WiDok sprechen, gibt es auch relevante Gründe, die gegen ein WiDok sprechen:

» **Der Verwaltungsaufwand übersteigt den Nutzen:** Handelt es sich um ein normales Dokument auf einem Laufwerk, hat der Autor nur den Aufwand für das Erfassen und Speichern. Ein WiDok hingegen muss erfasst, freigegeben, verteilt und gesichert werden. Der Verwaltungsaufwand für ein WiDok ist also höher als der für ein normales Dokument. Der Aufwand darf den Nutzen dabei nicht übersteigen.

» **Das festgehaltene Wissen ist nur von einmaliger Bedeutung und wird nicht genutzt:** Erfahrungsgemäß wird nicht jedes WiDok auch zu einem wertvollen WiDok. Auch wenn manche Wissensdokumente bereits eine Nummer haben und mit Aufwand an ihnen weitergearbeitet wird, so sind sie erst wirklich wertvoll, wenn die Dokumente entsprechend häufig genutzt werden. Es kann also vorkommen, dass man sich bei der Entscheidung für die Erstellung eines WiDoks täuscht.

Kurz & knapp

» WiDoks sind Wissensdokumente, die auf einer ausgereiften Vorlage basieren und einem Kreislauf unterliegen.

» Manche WiDoks können nur abteilungsintern, andere hingegen auch abteilungsübergreifend verwendet werden.

» WiDoks sollten in allgemein verständlicher Sprache verfasst sein, um Kommunikationsprobleme und Missverständnisse zu vermeiden.

» WiDoks haben fix definierte, sichtbare Metadaten, die in einem standardisierten Dokumentenkopf ersichtlich sind.

» Für WiDoks gibt es Gestaltungsrichtlinien, die jedes Unternehmen für sich definieren sollte.

» Jedes WiDok verfügt über eine einzigartige Nummer und ist dadurch als solches erkennbar und eindeutig identifizierbar.

» Es gibt Kriterien, die für die Erfassung von WiDoks sprechen, aber auch Gründe gegen WiDoks.

» WiDoks werden in strukturierten Wissensdatenbanken gespeichert.

6 Wie funktioniert der WBI-Prozess?

Im folgenden Kapitel wird nun der Prozess, der WBI zugrunde liegt, genauer betrachtet. Grundsätzlich kann der Ablauf der WBI-Methode in folgende Schritte gegliedert werden, welche klar strukturiert sind und im Wesentlichen den Lebenszyklus eines WiDoks beschreiben:

» Erfassen
» Verteilen
» Nutzen
» Weiterentwickeln
» Sichern

Abbildung 12: Der WBI-Prozess

Dieser Prozess ist in Anlehnung an die »Kernprozesse des Wissensmanagements« nach Probst, Raub und Romhardt[10] entstanden.

---

10   Probst; Raub; Romhardt 2012, S. 30

6.1   Erfassen

In einem Unternehmen gibt es die unterschiedlichsten Formen von Wissen. Möglicherweise ist es bereits schriftlich erfasst, vielleicht befindet es sich aber auch noch in den Köpfen der Mitarbeiter. WBI will so viel implizites Wissen wie möglich explizit machen. Doch gerade dieses implizite Wissen ist schwer zu erfassen, denn die verschiedenen Mitarbeiter haben unterschiedliche Fähigkeiten und Wissensstände.

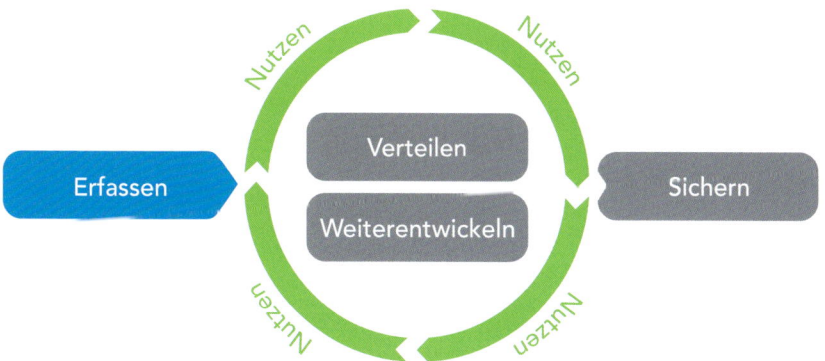

Abbildung 13: Der WBI-Prozess – Erfassen

Es geht dabei, *wie auf Seite 18 bereits erwähnt*, nicht vorrangig um das Wissen im wissenschaftlichen oder experimentellen Sinn, sondern um das kollektive Wissen der Mitarbeiter und um die Wissensträger in den verschiedenen Unternehmensbereichen, die über wertvolles Wissen und Erfahrungen verfügen. Das kollektive Wissen kann als enormer Hebel für das Wissensmanagement gesehen werden: Wird es explizit gemacht, so entsteht qualitativ hochwertigeres Wissen als durch das Erfassen des Wissens einer einzelnen Person. Wenn den Mitarbeitern bewusst wird, wie sinnvoll Wissensmanagement ist, werden sie das Wissen gerne mit ihren Kollegen teilen. Sicherlich stellt das Erfassen von Wissen einen Aufwand dar, aber der Nutzen bringt erhebliche Vorteile mit sich und überwiegt.

6.1.1 Vom Arbeitsgespräch zum WiDok

Grundsätzlich kann aus jedem Arbeitsgespräch ein neues WiDok entstehen. Unabhängig vom Zeitpunkt – also ob es sich um eine Vor- oder Nachbesprechung oder eine anlassbezogene Zusammenkunft handelt – sollte dieser Grundgedanke alle Gespräche begleiten. Ein solches Arbeitsgespräch will gut vorbereitet sein:

 Vor Beginn eines Arbeitsgespräches ist es sinnvoll, zu recherchieren, ob es in der Wissensdatenbank zu diesem oder einem ähnlichen Thema bereits ein WiDok gibt. Gerade in einem Unternehmen wie Meusburger, in dem über 3.000 WiDoks existieren, ist es ratsam, das Rad nicht immer wieder neu zu erfinden. Vielmehr sollte das bestehende Know-how herangezogen und weiterentwickelt werden.

Existiert bereits ein WiDok zu einem bestimmten Thema, so wird es als Basis für das Arbeitsgespräch verwendet. Das WiDok wird für jeden Teilnehmer des Gesprächs ausgedruckt und im Laufe des Meetings werden fehlende Aspekte ergänzt. Anschließend wird eine Reinschrift des weiterentwickelten Dokuments angefertigt und wieder in der Wissensdatenbank gesichert. Besteht jedoch noch kein explizites Wissen zu einem Thema, werden die Notizen des Mitarbeiters für ein WiDok herangezogen.

 Grundsätzlich ist bei Meusburger jeder Mitarbeiter dazu angehalten, zu jedem Termin einen Block und einen Stift mitzubringen. Somit kann er sich während des Arbeitsgespräches Notizen oder auch Skizzen machen. Dadurch geraten Ideen – unabhängig von ihrem zukünftigen Potenzial – nicht in Vergessenheit.

Aber nicht nur Mitarbeiter sollten sich während eines Arbeitsgesprächs Notizen machen. Auch die anwesende Führungskraft sollte Stichworte notieren, um die Informationen der Mitarbeiter später gegebenenfalls ergänzen zu können.

 Gleichen Sie Ihre Notizen von Arbeitsgesprächen erst mit dem Dokument Ihres Mitarbeiters ab, wenn er es Ihnen vorlegt oder er Ihnen über die Wissensdatenbank eine Freigabeaufforderung zusendet.

Ist der Vorgesetzte der Meinung, dass Teile der besprochenen Themenfelder wichtig genug sind, um sie in die Wissensdatenbank aufzunehmen, gibt er seinem Mitarbeiter am Ende des Arbeitsgesprächs den Auftrag, daraus ein WiDok zu erstellen. So wird das im Gespräch entstandene Wissen explizit gemacht und dient der Verbesserung des Unternehmens. Dabei geht es keineswegs um eine exakte Protokollierung des Besprochenen, sondern vielmehr um eine vertiefende Auseinandersetzung mit einem Thema oder einer Fragestellung.

 Lassen Sie keine klassischen Protokolle anfertigen. Ein wesentliches Argument gegen ein Protokoll ist die Vermischung von Themen. In einem WiDok geht es immer nur um eine einzige Fragestellung, zum Beispiel um einen Mitarbeitereintritt. Alle Inhalte des WiDoks »Checkliste Mitarbeitereintritt« befassen sich damit.
Bei Arbeitsgesprächen kann es jedoch vorkommen, dass noch weitere Themen diskutiert werden. Ein Protokoll wäre hier – im Sinne des Wissensmanagement-Prozesses – nicht zielführend. Daher werden in diesem Fall mehrere WiDoks zu den einzelnen Themenblöcken erstellt, die jeweils eine Einheit bilden.

Selbstverständlich erfolgt das schriftliche Digitalisieren der Notizen am Arbeitsplatz des Mitarbeiters und ohne die Führungskraft. Der Mitarbeiter formuliert seine Notizen und bringt sie in eine sinnvolle Reihenfolge. Dazu erstellt er ein neues Dokument, das er entweder direkt in die Wissensdatenbank lädt oder auch bei sich lokal speichert. Das Dokument bekommt in beiden Fällen einen Dokumentenkopf.

Ist das Dokument auf seinem lokalen Laufwerk gespeichert, ist es zu diesem Zeitpunkt nur für ihn selbst zugänglich. Während der Digitalisierung seiner Notizen können Fragen und offene Punkte aufkommen. Der Mitarbeiter recherchiert und sammelt die nötigen Informationen. Eventuell bespricht er das Thema noch mit Kollegen und Experten und bringt es damit auf ein ausgereifteres Niveau. Das WiDok wird also mit Informationen angereichert und zum Schluss der impulsgebenden Führungskraft vorgelegt.

Der Vorgesetzte kann nun anhand der eigenen Stichworte sicherstellen, ob alle besprochenen Themen im Dokument beinhaltet sind. Fehlen wichtige Inhalte, so kann er den Mitarbeiter auf fehlende Punkte aufmerksam machen und eine Korrekturschleife anregen. Spätestens wenn alle Inhalte des Gesprächs erfasst sind, entscheidet die Führungskraft, ob das ausgereifte Dokument den Kriterien entspricht und zu einem WiDok wird.

Wird durch das WiDok ein nachhaltiger Nutzen erzielt, so kann es jetzt in die Wissensdatenbank hochgeladen werden. Es bekommt eine Dokumentennummer und wird in die Freigabe geschickt. Dazu stellt der Autor über das System eine Freigabe-Anfrage an den Vorgesetzten. Dieser kann das Dokument überprüfen und danach veröffentlichen.

Mit der ersten Dokumentation der gedachten und besprochenen Inhalte wird der Mechanismus zur Erarbeitung gesicherten Wissens in Gang gesetzt. **Das WiDok ist also ein substanzielles Ergebnis, das aus einem Arbeitsgespräch hervorgeht.** *Beispiele für WiDoks folgen ab Seite 150.*

6.1.2 Erfassen aufgrund eines Wissensdefizits

Oft entsteht ein Wissensdokument, wenn eine Gruppe von Personen in einem Arbeitsgespräch auf ein Wissensdefizit stößt. Es werden Fragen gestellt, die eigentlich niemand genau beantworten kann, obwohl die Gruppe aus kompetenten Mitarbeitern besteht. Daher wird recherchiert und nach einem Experten gesucht, **denn in einem Unternehmen gibt es immer jemanden, der die passende Antwort kennt.** Das ist oft ein spannender Moment für Führungskräfte, denn sie können live beobachten, wie vor ihren Augen Wissen generiert wird.

Jetzt muss eine Führungskraft den Überblick bewahren und im Laufe des Gesprächs einen Mitarbeiter auswählen, der dieses neue, gerade erarbeitete Wissen erfasst und den aktuellen Wissensstand schriftlich festhält. Dieses explizite Wissen kann zukünftig als Basis für Besprechungen herangezogen und weiterentwickelt werden. Mithilfe dieser Methode können auch Probleme und Situationen gelöst werden, die anfangs unlösbar und aussichtslos erscheinen.

6.1.3 Entflechtung der Komplexität

Oft werden offene Themen und Probleme bei Sachverhalten erst dann sichtbar, wenn versucht wird, sie schriftlich festzuhalten. Wenn sich ein Mitarbeiter intensiv mit einem betriebsinternen Thema auseinandersetzt, kann der Ist-Stand im Detail analysiert werden. Der Mitarbeiter recherchiert alle relevanten Aspekte und lässt diese in sein Dokument einfließen.

Ist der Ist-Zustand erfasst, können Fehler im System lokalisiert und Verbesserungsvorschläge gemacht werden. Dadurch kann der optimale Soll-Zustand ermittelt werden. Im Prozessmanagement spricht man hier oft von der Entflechtung der Komplexität von Abläufen.

6.1.4 Konsens über den Ist-Stand

Um Missverständnisse in Arbeitsgesprächen zu vermeiden, sollte zu Beginn immer der Ist-Stand erhoben werden. Ist dieser bereits digital festgehalten, so kann auf dieser gemeinsamen Wissensbasis diskutiert werden. Im Gespräch zwischen Mitarbeitern und Vorgesezten wird also entweder das bestehende WiDok weiterentwickelt oder ein neues Wissensdokument zum aktuellen Thema erstellt. Das WiDok dient also einerseits der Analyse des Ist-Standes, andererseits der Planung des Soll-Standes. Darin liegt ein großes Innovationspotenzial. Gerade in größeren Gruppen sollte also immer zuerst ein Konsens gefunden und festgehalten werden.

6.1.5 Absicherung des Wissensstandes

WiDoks dienen bei der WBI-Methode als eine Art Absicherung oder Widerhaken. Man muss das Rad nicht immer wieder neu erfinden und wie Sisyphus den Stein ständig auf denselben Berg wälzen.

Abbildung 14: Sisyphus bei der Arbeit

Durch das erstmalige Erfassen von Wissen in einem WiDok ist ein gewisser Wissenslevel gesichert. Der Wissensstand kann sich nur noch nach vorne entwickeln, aber nicht mehr verloren gehen.

Abbildung 15: WBI sichert Sisyphus nach hinten ab

6.1.6 Impulse zur Wissensdokumentation

In den meisten Fällen ist die Führungskraft der Impulsgeber für die Erstellung eines WiDoks. In bestimmten Fällen – und das ist natürlich wünschenswert – kann auch ein Mitarbeiter diesen Impuls geben:

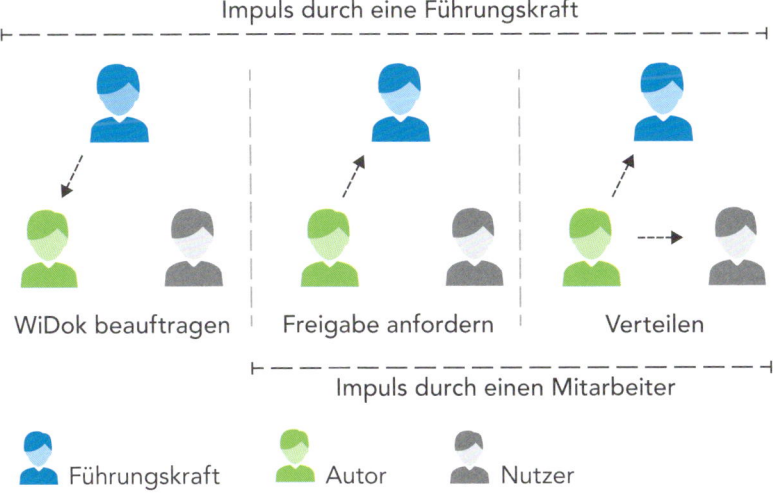

Abbildung 16: Ablauf Impulse bei der Wissensdokumentation

Impuls durch die Führungskraft

Eine Führungskraft beauftragt einen Mitarbeiter mit der Erstellung eines WiDoks, da der Inhalt des Dokuments zukünftig für das Unternehmen relevant sein wird. Alle Führungskräfte sollten daher die Kriterien für WiDoks (*siehe Seite 61*) kennen und ein Gespür dafür entwickeln.

 Stellen Sie sich einen Falken auf der Jagd nach einer Maus vor. Der Falke kreist über einem Feld und wartet ständig darauf, sich auf seine Beute zu stürzen. Im richtigen Moment schnappt er zu und fängt die Maus. Seien Sie ständig auf der Jagd nach neuem impliziten Wissen, das explizit gemacht werden sollte.

Im übertragenen Sinne bedeutet das, dass eine Führungskraft in einem Arbeitsgespräch ständig den inneren Falken im Kopf kreisen lassen sollte. Kommt im Verlauf eines Gesprächs ein relevantes Thema zur Sprache, so muss die Führungskraft den richtigen Zeitpunkt für ein WiDok erkennen und den Mitarbeiter beauftragen, das Thema in einem solchen Dokument festzuhalten.

Abbildung 17: Der Falke auf der Jagd

Impuls durch Mitarbeiter

Ein Mitarbeiter erkennt von sich aus ein Defizit in einer Problemsituation. Er steht vor einer neuen Herausforderung und überlegt bzw. dokumentiert die Lösung. Anschließend bespricht er das Thema mit seinem Vorgesetzten und weist auf seine Lösung bzw. sein Dokument hin. Wenn das Dokument den Kriterien entspricht, wird es ein WiDok.

Durch die detaillierte Auseinandersetzung mit der Thematik ist das Erfassen selbst der erste wichtige qualitative Filterungsprozess. Der Autor ist sich bewusst, dass das Festgehaltene vom Freigeber und anderen Personen gelesen und somit auch hinterfragt werden kann. Es liegt somit im Interesse des Autors, das WiDok möglichst frei von Kritikpunkten zu halten.

6.1.7 Motivation zur Wissensdokumentation

Gerade motivierte Mitarbeiter sind sehr wichtig für das Wissensmanagement, denn nur motivierte, kooperative Mitarbeiter werden bereit sein, ihr Wissen mit anderen zu teilen und so maßgeblich eine transparente Unternehmenskultur zu unterstützen. Doch dazu müssen diese motivierten Mitarbeiter zuerst identifiziert werden. Die Einschätzung von Motivation, Eigeninitiative und Verantwortungsbereitschaft ist Aufgabe der Führungskraft. Motivierte Wissensträger sollten in ihrer Arbeit weiter gefordert, entlastet und unterstützt werden. Im Gegensatz dazu müssen schwache Wissensträger motiviert und gefördert werden.

Ein Blick auf die Bedürfnispyramide des amerikanischen Psychologen Abraham Maslow[11] zeigt, dass Anerkennung und Selbstverwirklichung zwei wichtige Faktoren für die Motivation von Mitarbeitern sind.

---

11   Abraham Maslow (1908–1970), amerikanischer Psychologe

Maslow geht davon aus, dass der Wunsch nach Befriedigung der höheren Bedürfnisse die ausreichende Befriedigung der niederen Bedürfnisse voraussetzt. Demzufolge sind bei Mitarbeitern zuerst die beiden unteren Stufen abzudecken, damit das Zurückhalten von Wissen aus Gründen der Selbstabsicherung nicht notwendig ist.

Ein regelmäßiges Einkommen deckt die Grundbedürfnisse der Mitarbeiter ab. Das Sicherheitsbedürfnis hingegen wird durch einen gesicherten Arbeitsplatz befriedigt. Da somit die beiden unteren Stufen abgedeckt sind, können die oberen beiden bedient werden.

Abbildung 18: Maslow'sche Bedürfnispyramide

Doch wie können die oberen drei Ebenen der Bedürfnispyramide erreicht werden? Wie werden Mitarbeiter motiviert? Wie kommen sie zu der gewünschten Anerkennung durch andere Mitarbeiter und Führungskräfte? Wie können sie sich selbst verwirklichen?

Die Antwort in Bezug auf Wissensmanagement liegt auf der Hand:

Lassen Sie bei der Einführung von Wissensmanagement alle Mitarbeiter frei auf die Wissensdatenbank zugreifen. Nur wenn möglichst viele Personen das erfasste Wissen nutzen, sind die Autoren auch weiterhin motiviert, neue Inhalte zu dokumentieren.

Und diesen Punkt gilt es zu erreichen: Qualitativ hochwertige Inhalte fördern die Zugriffe auf die Wissensdatenbank. Hohe Zugriffszahlen wiederum erhöhen die Motivation der Mitarbeiter, ihr Wissen explizit zu machen und es mit anderen zu teilen. Viele empfinden die hohe Nutzung des Wissens als Zeichen der Wertschätzung und Anerkennung. Wissen wächst und es bildet sich eine breite Wissensbasis, die sich ständig erweitert.

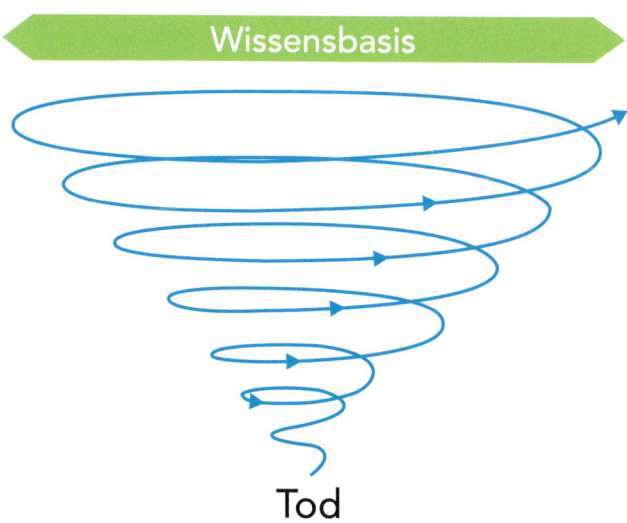

Abbildung 19: Motivation-Nutzen-Spirale

» Loben Sie Ihre Mitarbeiter, wenn Lob angebracht ist. Lassen Sie Ihre Mitarbeiter weitestgehend selbstständig arbeiten und geben Sie ihnen die Möglichkeit zur Selbstkontrolle. Sie werden sehen: Ihre Mitarbeiter schätzen einen uneingeschränkten Handlungsspielraum. Wenn Sie es richtig anstellen, kann durch die Motivation und den positiven Nutzen eine Art Sog entstehen.

» Motivieren Sie Ihre Mitarbeiter, ihr Wissen mit anderen zu teilen, indem Sie ihnen als Vorbild dienen. Schaffen Sie ein Bewusstsein für Wissensmanagement im Unternehmen und kommunizieren Sie, dass Wissensmanagement ein Geben und Nehmen ist.

»» *Wer will, daß ihm die anderen sagen, was sie wissen, der muß ihnen sagen, was er selbst weiß. Das beste Mittel Informationen zu erhalten, ist, Informationen zu geben.[12]* **««**

» Setzen Sie Anreize, die Ihnen helfen, Ihre Mitarbeiter für die Methode zu gewinnen, die Produktivität zu steigern und so auf lange Sicht das Unternehmen weiterzubringen.

» Leben Sie WBI vor, denn Führen bedeutet, Menschen den Weg zu zeigen, auf dem sie gewisse Ziele erreichen können. Nur wenn sich die Geschäftsführung dem Wissensmanagement konsequent widmet, zeigt dies auf der Mitarbeiterebene und im mittleren Management Wirkung.

» Nehmen Sie Ihren Mitarbeitern die Angst vor der Erstellung eines Wissensdokuments. Setzen Sie erfahrene Mitarbeiter ein, welche die anderen bei der erstmaligen Erstellung unterstützen. So erreichen Sie, dass dieser Vorgang nach mehrmaliger Anwendung akzeptiert und zur Routine wird. Ritualisieren Sie das Erfassen von Wissen.

---

12 Niccolò di Bernardo dei Machiavelli (1469–1527), florentinischer Philosoph, Politiker, Geschichtsschreiber und Dichter

» Erarbeiten Sie mit Ihren Mitarbeitern Zielvereinbarungen und definieren Sie, welche und wie viele Informationen jeder Einzelne in Form von WiDoks zur Verfügung stellen soll. Anhand dieser Empfehlungen können Wissensträger selbst entscheiden, ob ein WiDok sinnvoll ist oder nicht.

» Motivieren Sie Ihre Mitarbeiter durch die Wertschätzung des geteilten Wissens. Geben Sie positives Feedback, wenn sie wertvolles Wissen zur Verfügung stellen. *Lob und Anerkennung bewirken hier, wie bereits auf Seite 74 dargestellt, Wunder.* Besonders Mitarbeiter, die großen Wert auf Ansehen und Prestige legen, können mit einer freundlichen Geste motiviert werden.

» Beziehen Sie Ihre Mitarbeiter in die Arbeit an WiDoks mit ein. Erklären Sie ihnen das Prozedere, den Nutzen und die Vorteile, welche die WBI-Methode speziell für sie bietet. Schaffen Sie damit ein Verantwortungsbewusstsein für das Wohl des Unternehmens.

» Nutzen Sie die Bereitschaft und Energie von Mitarbeitern mit Mitteilungsdrang. Doch bitte bedenken Sie stets: Qualität ist besser als Quantität.

» Zeigen Sie Ihren Mitarbeitern die Vorteile von Wissensmanagement auf und überzeugen Sie sie so von dessen Sinnhaftigkeit.

Motivierte Mitarbeiter, die gerne ihr Wissen teilen und anderen zur Verfügung stellen, sind für Unternehmen sehr wichtig. Es handelt sich dabei oft um Mitarbeiter, die in Zukunft noch mehr Wissen teilen und bestehendes Wissen weiterentwickeln.

Natürlich könnten Anreize eingesetzt werden, jedoch soll die Wissens-dokumentation nicht beliebig und nicht nur des materiellen Anreizes wegen geschehen. **Deshalb distanziert sich die WBI-Methode bewusst von materiellen Anreizsystemen.**

 Wissensmanagement sollte als fixer Bestandteil der Unternehmenskultur eingeführt und etabliert werden. Es muss von allen Mitarbeitern und besonders vom Top-Management getragen werden, um erfolgreich zu sein.

6.1.8 Probleme bei der Erfassung von Wissen

Leider gibt es auch Hürden bzw. Ängste, die das Erfassen von WiDoks erschweren. Diese haben meist persönliche Ursachen.

Probst, Raub und Romhardt sehen die individuelle Teilungsbereitschaft als wichtigen Aspekt. Sie unterscheiden zwischen Teilungsfähigkeit und Teilungsbereitschaft. Die Teilungsfähigkeit wird durch Kommunikations-talent und das Sozialverhalten geprägt. Die Teilungsbereitschaft wird von anderen Faktoren beeinflusst:

» Vermeintlicher oder tatsächlicher Zeitmangel
» Informationsüberlastung
» Besitzerstolz
» Angst, die Stellung in der Organisation zu gefährden[13]

 Wissens(ver)teilung stößt auf individuell und kulturell ver-ankerte Barrieren. Diese betreffen vor allem Macht- und Vertrauensfragen.[14]

---

13   vgl. Probst; Raub; Romhardt 2012, S. 167
14   Probst et al. 2012, S. 179

In der Praxis ist es oft so, dass Wissensträger ihr Wissen aus verschiedensten Gründen nicht zur Verfügung stellen. Gerade in Betrieben mit einer verschlossenen Unternehmenskultur wird es daher schwieriger sein, Wissensmanagement zu etablieren.

Angst vor Kritik oder Blamage

In manchen Fällen kann es vorkommen, dass Mitarbeiter aus Angst vor Blamage oder Kritik nicht bereit sind, ihr Wissen zu erfassen. Sie wollen sich nicht vor ihren Vorgesetzten oder Kollegen bloßstellen und vermeiden daher das schriftliche Erfassen von Wissen.

Bauen Sie auf Vertrauen und Transparenz – beide Faktoren sind wichtige Voraussetzungen für den Erfolg von Wissensmanagement. Setzen Sie auf eine offene Kommunikation und konstruktive Fehlerkultur im Betrieb. Arbeiten Sie mit Ihren Mitarbeitern am gemeinsamen Erfolg des Unternehmens.

Angst vor Machtverlust

Schon Francis Bacon sagte: »*Wissen ist Macht.*«[15] – und davon sind leider auch einige Mitarbeiter überzeugt. Manche halten deshalb ihr Wissen bewusst zurück, um ihren Expertenstatus oder ihre Position abzusichern. Sie haben Angst vor Machtverlust oder befürchten, ihren Job zu verlieren. Doch genau das Gegenteil ist der Fall!

Gerade Menschen mit Weitblick, die bereit sind, ihr Wissen mit anderen zu teilen, sind die wertvollsten Mitarbeiter für ein Unternehmen. Die Erfahrung hat gezeigt, dass Wissensträger, die viele WiDoks verantworten, zukünftig immer noch mehr WiDoks veröffentlichen. Sie leisten ihren Beitrag zum Erfolg des Unternehmens und sind aufgrund ihrer Erfahrungen meist unersetzbar für die Ausbildung von neuen Mitarbeitern.

---

15   Francis Bacon (1561–1626), englischer Philosoph, Staatsmann und Wissenschaftler

Grenzen der Externalisierung

Es kann vorkommen, dass Experten ihr Wissen nur in einem limitierten Umfang zur Verfügung stellen. Will ein Nutzer also mehr Details zum entsprechenden Thema bekommen, muss er den Experten persönlich kontaktieren. Dies geschieht meist automatisch, da oft nicht alles Wissen explizit gemacht werden kann, und hat meist nichts mit der Angst vor Machtverlust zu tun.

Ein weiteres Problem von Wissensmanagement liegt in der »Unmensch-lichkeit« einer Wissensdatenbank. Oft sind Mitarbeiter zwar bereit, ihr Wissen mit Kollegen und neuen Mitarbeitern zu teilen, aber nicht mit ei-ner Datenbank. Denn bei der »Face-to-face«-Kommunikation treten sie direkt mit Menschen in Kontakt – ein Prozedere, das alle gewohnt sind.

Die Wissensdatenbank stellt jedoch eine »Many-to-many«-Kommunika-tion dar und unterscheidet sich daher von der gewohnten Art der inner-betrieblichen Kommunikation. Autoren kennen also die Empfänger des Wissens nicht mehr persönlich und wissen nicht, wie das Wissen genutzt wird. Diese Anonymität der Nutzer führt oft zu Misstrauen, da keine direk-te Interaktion mehr gegeben ist.

In dieser Situation ist es als Führungskraft am einfachsten, den betrof-fenen Mitarbeiter ins kalte Wasser zu werfen und ihn mit der Erstellung eines WiDoks zu beauftragen. Ist das erste WiDok einmal erfasst, fällt dieser Schritt beim nächsten Mal meist schon viel leichter als zu Beginn. Denn wie schon Konfuzius sagte:

 Sage es mir und ich werde es vergessen, zeige es mir und ich werde es vielleicht behalten, lass es mich tun und ich werde es können.[16]

16   Konfuzius (551–479 v. Chr.), chinesischer Philosoph

6.1.9 Dokumentation von Entscheidungen

Oft erkennen Mitarbeiter neben der Entscheidung nicht mehr das Wissen, das zu einer bestimmten Entscheidung geführt hat. Gerade in größeren Firmen ist es daher ratsam, den Entscheidungsfindungsprozess zu dokumentieren, damit das Unternehmen bei ähnlichen Problemen oder Situationen nicht wieder von vorne beginnen muss. Dies betrifft vor allem zeitintensive Entscheidungen mit einem hohen personellen oder finanziellen Aufwand.

Damit eine Entscheidung auch später immer noch für die unterschiedlichen Mitarbeiter eines Unternehmens nachvollziehbar ist, werden die Entwicklung und die Entscheidung selbst in einem WiDok dokumentiert. Sollte also ein bestimmtes Thema zu einem späteren Zeitpunkt wieder relevant sein, so kann auf Basis der bisherigen Überlegungen weitergearbeitet bzw. erneut entschieden werden.

In einem größeren Unternehmen wird beispielsweise das Thema Outsourcing für ein Produkt oder für eine Dienstleistung diskutiert. Wird im Zuge dessen eine Liste mit Vorteilen und Nachteilen des Outsourcing erarbeitet, so sollten diese Gründe und der Weg zur Entscheidung dokumentiert werden. Dadurch können diese Inhalte auch zukünftig wieder herangezogen werden, falls es erneut Bedarf in diesem Bereich gibt.

6.2   Freigabe

Der nächste wichtige Schritt der WBI-Methode ist die Freigabe. Sie ist frei definierbar und kann beliebig viele Freigeber vorsehen. Die Freigabe erfüllt mehrere Funktionen und Aufgaben:

» Sicherung der Qualität
» Abstimmung durch mehrere Personen
» Fordern und Fördern von Entscheidungen
» Bestätigung des Verteilers durch den Freigeber

Die Freigabe ist ein wichtiger Mechanismus zur qualitativen Überprüfung von WiDoks: Bei der Freigabe bestätigt der Freigeber die inhaltliche Richtigkeit des Dokuments – es wird dadurch verifiziert.

Der Freigeber kann bei der Freigabe zudem die Metadaten des WiDoks überprüfen. Danach wird es veröffentlicht und gemäß der Aufgabe LESEN durch Benachrichtigungen an die zuständigen Personen verteilt.

Abbildung 20: Freigabezyklus

Nach der Erstellung eines WiDoks sucht der Autor um Freigabe an. Wird das Dokument freigegeben, wird es in der Wissensdatenbank veröffentlicht. Wird die Freigabe abgelehnt, ist es notwendig, einen Grund dafür anzugeben. Daher schreibt der Freigeber die Begründung in das Feld für den »Ablehnungskommentar«.

Im Falle einer Ablehnung wird der Autor informiert, dass der Inhalt des WiDoks noch weiter ausgearbeitet oder ergänzt werden muss. In diesem Fall ist es wichtig, dass der Autor und der Freigeber Kontakt aufnehmen und die Unklarheiten beseitigen. Grundsätzlich gilt dabei: Das persönliche Gespräch ist allen anderen Kommunikationsformen vorzuziehen.

 Damit es zu keinen scheinbar grundlosen Ablehnungen von WiDoks kommt, wird das Feld »Ablehnungskommentar« als Pflichtfeld definiert.

Wurde die Freigabe also beim ersten Mal abgelehnt, so beginnt der Freigabeprozess wieder von Neuem. Dieses Mehr-Augen-Prinzip im Zuge der Freigabe dient der Sicherung der Qualität des Inhalts.

6.2.1 Hierarchische Faktoren bei der Freigabe

Wie Freigabezyklen definiert werden, ist immer auch Ausdruck der Unternehmenskultur. Hierarchisch flach strukturierte Unternehmen bevorzugen kürzere Zyklen. Die Eigenverantwortung der Autoren über Sinn und Inhalt eines WiDoks ist dabei hoch angesetzt.

Unternehmen mit starken hierarchischen Strukturen entscheiden sich für längere Freigabezyklen mit mehreren Freigebern. Die Verantwortung wird dabei bis in die obersten Führungsebenen getragen.

Bei WBI wird zwischen einer parallelen und einer seriellen Freigabe unterschieden:

» Bei der **parallelen Freigabe** kontrollieren mehrere Freigeber gleichzeitig das Dokument. Dadurch wird Zeit eingespart, da alle Beteiligten gleichzeitig mit der Freigabe beginnen können.

» Bei der **seriellen Freigabe** kontrollieren mehrere Freigeber hinterein-
ander den Inhalt eines WiDoks auf seine Richtigkeit. Diese Methode
ist zwar zeitintensiv, doch jeder Freigeber kann auf dem Wissen des
vorigen Freigebers aufbauen. Der Vorteil der seriellen Freigabe ist,
dass das WiDok, bis es beim obersten Freigeber angekommen ist,
bereits über eine hohe Qualität verfügt. Somit muss das Top-
Management das Dokument oft nicht mehr überarbeiten, sondern
nur noch freigeben. Dies stellt eine klare Zeitersparnis für die
Geschäftsführung dar.

6.2.2 Zeitliche Faktoren bei der Freigabe

» Je weniger Personen am Freigabezyklus beteiligt sind, desto schneller
kann das WiDok nutzbringend veröffentlicht und angewendet werden.

» Je mehr Personen am Freigabezyklus beteiligt sind, desto höher wird
die Qualität des WiDoks zum Zeitpunkt der Veröffentlichung ausfallen.

Bei der Freigabe sollte daher situationsbedingt entschieden werden,
welche Art von Freigabe angebracht ist. In bestimmten Fällen kann es
sogar Sinn machen, die Freigabe manuell zu umgehen.

Sollte nur eine kleine Änderung an einem Dokument
notwendig sein, wie beispielsweise die Korrektur eines
Rechtschreibfehlers, sollte der Freigabezyklus über-
sprungen werden können. Dadurch können eine Zeit-
verzögerung und die Veränderung der Versionsnummer
verhindert werden. Natürlich gilt es, vorab zu klären, ob
das Überspringen der Freigabe mit den Unternehmens-
richtlinien konform geht und erlaubt ist.

6.2.3 Freigabe mit der Aufgabe LESEN

Der Abschluss des Freigabezyklus hat die Veröffentlichung des WiDoks zur Folge. Dadurch wird das Wissen einem definierten Personenkreis zur Verfügung gestellt. Die Auswahl dieses Personenkreises obliegt in erster Linie dem Autor. Dieser definiert bereits beim Hochladen der Datei, welche Mitarbeiter oder Führungskräfte die »Aufgabe LESEN« bekommen. Dabei ist darauf zu achten, dass nur Personen gewählt werden, die auch über die entsprechenden Zugriffsrechte verfügen. **Die Definition des Verteilers für WiDoks ist eine verantwortungsvolle Aufgabe.** Einige Autoren scheuen sich davor, ihre WiDoks den notwendigen Personen zur Verfügung zu stellen, und wählen daher einen relativ kleinen Verteiler. Es kann daher vorkommen, dass manche Mitarbeiter die notwendigen WiDoks nicht erhalten. Dieser Fall tritt vor allem auf, wenn das Wissensdokument durch eine Führungskraft beauftragt wurde.

 Besonders wenn der Impuls für ein WiDok nicht vom Mitarbeiter selbst, sondern von einem Vorgesetzten kommt, muss die Führungskraft den Verteiler und die Metadaten des WiDoks kontrollieren und, wenn nötig, ergänzen. Gerade Führungskräfte eignen sich bestens für diese Aufgabe, da sie durch ihren abteilungsübergreifenden Blick oft besser einschätzen können, welche WiDoks benötigt werden und wen die Änderungen betreffen.

Die Freigabe ist nur ein optionaler Baustein von WBI und kann nach Belieben auch weggelassen werden. Bereits bei der Einführung von WBI gilt es daher, zu klären, ob eine Freigabe von WiDoks sinnvoll und gewünscht ist.

 Wenn ein Autor ein WiDok nicht in die Freigabe senden muss, können die erfassten Inhalte schneller verteilt werden und die Veröffentlichung wird dadurch nicht schleppend. Sie ersparen sich also Zeit und damit Kosten.

6.3 Verteilen

Abbildung 21: Der WBI-Prozess – Verteilen

Ist das WiDok erfasst und freigegeben, wird es im Unternehmen verteilt. Im Zuge des Verteilungsprozesses wird das im WiDok festgehaltene Wissen veröffentlicht. Denn wie Johann Wolfgang von Goethe schon sagte:

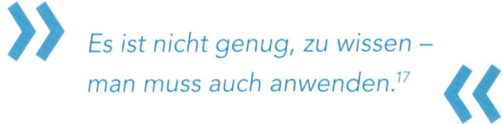

Es ist nicht genug, zu wissen – man muss auch anwenden.[17]

Es ist also wichtig, dass das relevante Unternehmenswissen so zur Verfügung gestellt wird, dass es am richtigen Ort und von den richtigen Personen optimal eingesetzt werden kann. Durch das Verteilen von Wissen entstehen Synergien, da mehrere Personen Zugang zu diesem Wissen haben. **Die Nutzung und Verteilung bilden die Basis für die Weiterentwicklung des Wissens auf ein höheres Niveau.** Trotzdem ist eine behutsame Vorgehensweise empfehlenswert, da immer auch die Gefahr einer Informationsflut damit einhergeht. Für die Verteilung von WiDoks gibt es zwei Grundprinzipien, die im folgenden Abschnitt erklärt werden.

---

17   Johann Wolfgang von Goethe (1749–1832), deutscher Philosoph und Schriftsteller

6.3.1 Push-Prinzip mit der Aufgabe LESEN

WiDoks können den Benutzern durch das Push-Prinzip aktiv zugewiesen werden. Damit entsteht für den Mitarbeiter die Aufgabe bzw. die Pflicht, das Dokument zu lesen und das enthaltene Wissen bestmöglich zu erwerben. In der Regel ist das Push-Prinzip in Unternehmen am erfolgreichsten.

Abbildung 22: Push-Prinzip

Ein Bereichsleiter und sein Mitarbeiter erstellen Auswertungen von bestimmten Vertriebsgebieten. Sie wollen überprüfen, ob diese verkleinert werden sollten, um das Potenzial zukünftig besser ausschöpfen zu können. Die Ergebnisse der Auswertung könnten in der Folge auch für andere Bereiche von Bedeutung sein bzw. diese beeinflussen.

Wird beispielsweise ein Vertriebsgebiet aufgrund der Auswertung verkleinert und zukünftig ein zusätzlicher Außendienstmitarbeiter eingesetzt, so betrifft das auch die Personalabteilung. Daher können mit dem Push-Prinzip beliebige Personen mit der »Aufgabe LESEN« beauftragt werden.

Damit die Nutzer informiert werden, dass neue Inhalte zur Verfügung stehen, empfiehlt die WBI-Methode die Benachrichtigung per E-Mail.

E-Mails eignen sich besonders für Benachrichtigungen, da fast alle Nutzer täglich mit einem Mail-Programm arbeiten. So kann eine Hürde bei der Nutzung eines zusätzlichen Programmes vermieden werden.

Natürlich gibt es auch die Möglichkeit, eine Lese-Aufforderung in der Wissensdatenbank selbst anzeigen zu lassen. Das setzt jedoch voraus, dass die Nutzer die Datenbank auch täglich nutzen.

Wird bei Meusburger ein neues WiDok hochgeladen oder ein bestehendes WiDok in einer weiterentwickelten Version veröffentlicht, werden die Nutzer per E-Mail benachrichtigt. Der bewusst gewählte Nutzerkreis bekommt so den direkten Link zum neuen WiDok und damit auch die Aufgabe, das WiDok zu lesen. WiDoks, die mit dieser »Aufgabe LESEN« verteilt wurden, bilden oft die einheitliche Basis für weiterführende Besprechungen und Überlegungen.

Führungskräfte sollten grundsätzlich über alles Wissen im Unternehmen Bescheid wissen und daher auch möglichst alle Wissensdokumente lesen. Im ersten Moment klingt das nach viel zusätzlicher Arbeit für die Führungskräfte und Entscheider. Hat man das Dokument jedoch erstmals gelesen, müssen danach nur noch die Änderungen nachvollzogen werden. Meist handelt es sich dabei nur um kleine inhaltliche Änderungen oder Korrekturen an bestehenden WiDoks. Somit müssen Führungskräfte nicht immer den gesamten Text durchlesen, sondern nur den Änderungskommentar, der mit der Aufgabe LESEN versendet wird.

6.3.2 Pull-Prinzip

Wie der Name schon sagt, geht es beim Pull-Prinzip darum, dass Nutzer das relevante Wissen in Eigeninitiative suchen. Sie erhalten keine E-Mail-Benachrichtigungen, sondern recherchieren eigenmächtig in der Wissensdatenbank, um benötigte Inhalte zu finden. Die Nutzer erhalten lediglich eine Berechtigung, WiDoks zu sehen, zu lesen bzw. sie zu nutzen.

Abbildung 23: Pull-Prinzip

 Gehen Sie nicht grundsätzlich davon aus, dass Mitarbeiter immer aktiv nach Wissen und Inhalten suchen. Oft siegen die Routine oder auch die Bequemlichkeit und der Mitarbeiter wählt den einfachsten Weg: Er fragt einen Kollegen oder macht es auf die bekannte, leider oft auch veraltete Art und Weise.

Eine Pull-Aktion folgt meist auf eine vorhergehende Push-Aktion. D. h. Mitarbeiter suchen Inhalte, von deren Existenz sie wissen, da sie bereits zuvor schon eine Lesebenachrichtigung zu diesem Dokument bekommen haben.

6.3.3 Sichtbarkeits- und Zugriffsrechte

Je nach Wahl des Systems können Sichtbarkeits- und Zugriffsrechte im Unternehmen vergeben werden. Die Limitierung der Sichtbarkeits- und Zugriffsrechte ist abhängig von der Position, den Aufgaben und der Verantwortung eines Mitarbeiters.

Wegen der unterschiedlichen hierarchischen Positionen im Unternehmen ist der Einsatz von limitierten oder personalisierten Wissensdatenbanken ratsam. Beide Varianten bieten sowohl Vorteile als auch Nachteile.

Unlimitierte Wissensdatenbank

In einer unlimitierten Wissensdatenbank können alle Nutzer alle WiDoks sehen und lesen. Die Mitarbeiter finden somit alle gewünschten Informationen in der Wissensdatenbank und nutzen diese oft umso lieber.

Unlimitierte Wissensdatenbanken eignen sich besonders für kleine Unternehmen, in welchen es von Vorteil ist, dass alle Mitarbeiter auf alle WiDoks zugreifen können.

Andererseits könnten einige Mitarbeiter durch die Unmenge an WiDoks auch überfordert sein. Sie sehen durch die Informationsflut das Wesentliche nicht mehr. Der unlimitierte Zugriff erschwert zudem die Suche, da die Suchergebnisse ebenfalls ungefiltert dargestellt werden.

Personalisierte, limitierte Wissensdatenbank

In einer personalisierten Wissensdatenbank werden die Zugriffsrechte an bestimmte Personen oder Personengruppen angepasst.

Nutzer können also nur auf den Teil der WiDoks zugreifen, der für deren Funktion bzw. Aufgabengebiet definiert wurde. Gerade bei sensiblen oder geheimen Inhalten eignet sich die Personalisierung für die Limitierung der Sichtbarkeits- und Zugriffsrechte. Doch was ist schon geheim?

Je personalisierter eine Wissensdatenbank ist, desto präziser ist auch die Suche, da sich das Suchergebnis auf jene WiDoks einschränkt, die der jeweilige Nutzer aufgrund seiner Arbeitsaufgaben benötigt.

Zu starke Personalisierung birgt allerdings die Gefahr, einige WiDoks auszuschließen, die eventuell ebenfalls für die Nutzer relevant sein könnten. Oft gibt es WiDoks, die ein Nutzer kennen sollte. Hat dieser Mitarbeiter jedoch keinen Zugriff, führt das bei ihm zu einem Wissensdefizit und Unmut. Die Personalisierung ist zudem technisch oft schwer umsetzbar und kann zu Problemen bei der Verwaltung führen.

Führungskräfte sollten – egal ob die Wissensdatenbank unlimitiert oder personalisiert ist – auf alle WiDoks zugreifen können.

Gehen Sie mit den Berechtigungen je nach Offenheit und Transparenz im Unternehmen eher großzügig um. Eine personalisierte Sichtbarkeit, abhängig von der Funktion im Unternehmen, ist optimal. Es gilt, durch die »Aufgabe LESEN« eine Informationsüberflutung von Nutzern und Führungskräften zu vermeiden.

Mit dem Verteilen alleine kann jedoch noch kein direkter Nutzen in Form einer Vergrößerung der Wissensbasis erzielt werden. **Erst wenn der Inhalt eines WiDoks auch gesichtet, verstanden, angewendet und weiterentwickelt wird, wächst daraus ein Mehrwert.**

6.3.4 Wissenslogistik

Da Wissen personengebunden ist, geht es beim Wissensmanagement um die Wissensträger und die Empfänger von Informationen. Erst wenn Wissen durchgängig für alle Mitglieder eines Unternehmens über einfache und schnelle Wege zur Verfügung gestellt wird, kann von einer gewinnbringenden Wissensteilung gesprochen werden. So meinen Probst, Raub und Romhardt:

Wissen auf die richtigen Mitarbeiter zu verteilen beziehungsweise organisationales Wissen an die Stelle zu bringen, wo es gerade dringend gebraucht wird, ist eine der schwierigsten und am meisten unterschätzten Hindernisse für ein erfolgreiches Wissensmanagement.[18]

WBI macht es sich zur Aufgabe, das Wissen der Sender den richtigen Empfängern zur Verfügung zu stellen und es besser im Unternehmensalltag zu integrieren. Während man beim Qualitätsmanagement (QM) von Dokumentenlenkung spricht, geht es beim Wissensmanagement immer um die Wissenslogistik. Die Wissenslogistik lässt sich mit einem simplen Beispiel aus der Natur vergleichen:

 Vor der Wasserregulierung im Vorarlberger Rheintal flossen Bäche und Flüsse wild in den Bodensee und sorgten häufig für Überschwemmungen. Um dieses wiederkehrende Übel zu verhindern und die Bewohner des Tals zu schützen, wurde das Projekt Rheinregulierung in Angriff genommen. Die Landstriche neben dem Rhein wurden urbar gemacht und so entstand ein sichererer Lebensraum für die Menschen.

---

18   Probst; Raub; Romhardt 2012, S. 145

Umgelegt auf das Unternehmen bedeutet das, dass Wissen, das täglich durch das Unternehmen fließt, kanalisiert und zugänglich gemacht werden muss. **Denn Wissenslogistik – also der Transfer von Wissen – kann nur funktionieren, wenn das Wissen des Senders beim Empfänger ankommt. Wissen muss also organisiert, greifbar und nutzbar sein.**

Wissenslogistik ist ein Führungsthema, das nicht sich selbst überlassen werden darf. Natürlich kommt Wissen meist irgendwie an der richtigen Stelle an, jedoch leiden dann oft die Effizienz bzw. die Produktivität darunter. Es reicht also nicht aus, den Fluss von Wissen im Unternehmen nur zu erfassen. Die bestmögliche Steuerung und Kanalisierung des Wissens liegen in der Verantwortung des Managements.

Soll in einem Unternehmensbereich eine Entscheidung gefällt werden, muss das notwendige Wissen auch genau dort zur Verfügung stehen.

Meusburger hat ein großes Lager und exportiert in rund 60 Länder weltweit. Für den besseren Überblick erstellt ein Logistiker daher ein WiDok, das aufzeigt, wann eine Spedition die Ware für eine bestimmte Destination abholt. Für die Mitarbeiter im Verkaufsinnendienst sind diese Informationen sehr wichtig, da sie den Kunden Auskunft über die Lieferzeiten geben müssen. Gibt es also eine Änderung bei den Speditionsabfahrtszeiten, ist es von Bedeutung, dass der Innendienst prompt darüber informiert wird.

Überlegen Sie sich, welche Inhalte in Ihrem Unternehmen welche Wege gehen.
» Muss man sich durchfragen, um an Wissen zu kommen?
» Gibt es Schwachstellen oder Unterbrechungen?
» Gibt es Verbesserungspotenziale, damit das Wissen zukünftig besser verteilt werden kann?

6.4　Weiterentwickeln

Nach der Erfassung und Verteilung erfahren die bestehenden WiDoks durch die Weiterentwicklung eine Qualitätsverbesserung.

Abbildung 24: Der WBI-Prozess – Weiterentwickeln

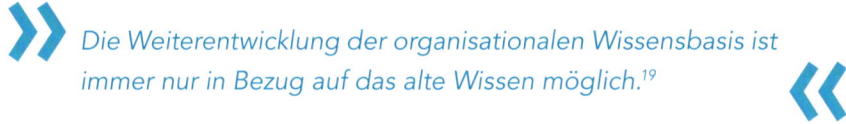

Die Weiterentwicklung der organisationalen Wissensbasis ist immer nur in Bezug auf das alte Wissen möglich.[19]

Diese Aussage von Probst, Raub und Romhardt verdeutlicht, wie wichtig es ist, auf bestehendem Wissen aufzubauen und dieses weiterzuentwickeln. Die Weiterentwicklung kann sowohl von einer Einzelperson als auch von einer Gruppe durchgeführt werden.

Das bringt natürlich Vor- und Nachteile mit sich: Eine Person ist wesentlich schneller in der Be- und Überarbeitung eines WiDoks. Was dabei jedoch wegfällt, ist das Mehr-Augen-Prinzip, das für eine Qualitätssteigerung sorgt.

19　Probst et al. 2012, S. 202

Eine Weiterentwicklung wird oft durch die Nutzung eines vorhandenen WiDoks angestoßen, denn meist stellt sich erst in der Praxis heraus, wie etwas noch besser geht oder anders gemacht werden kann.

Tritt bei der praktischen Anwendung beispielsweise ein Fehler auf, kontaktiert der Nutzer den Autor des Dokuments und teilt ihm seine Anregungen oder Ideen mit. Das WiDok kann nun vom Autor dahingehend weiterentwickelt werden.

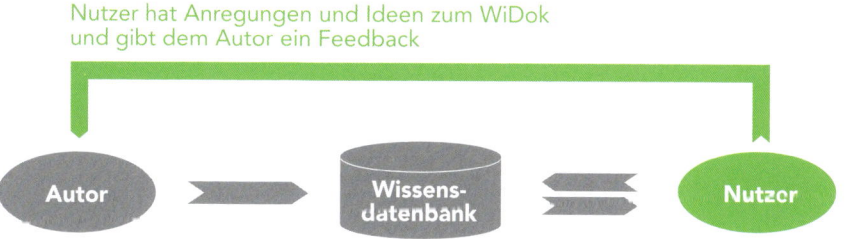

Abbildung 25: Weiterentwicklung durch Impuls vom Nutzer

Bei Projekten wie z.B. Veranstaltungen machen Mitarbeiter meist unterschiedliche Erfahrungen. Daher ist es ratsam, am Ende eines solchen Projektes zu reflektieren, was gut war und wo es Verbesserungspotenzial gibt. Dazu werden Projekterfahrungen erhoben, gebündelt und schriftlich erfasst. Die Ergebnisse werden ergänzt und erhöhen die Qualität des WiDoks. Das explizite Wissen wird so stetig weiterentwickelt und kontinuierlich verbessert. Die Mitarbeiter lernen somit aus vergangenen Fehlern und Problemen.

Grundsätzlich sind alle Mitarbeiter und Führungskräfte dazu aufgerufen, aktiv an der Weiterentwicklung von WiDoks mitzuarbeiten. Im Sinne der kollektiven Weiterentwicklung ist die Zusammenarbeit höchst interessant, aber erst nach der Veröffentlichung der Version 1.0 möglich bzw. relevant.

Die Zusammenarbeit bezieht sich jedoch nur auf die Weiterentwicklung der Inhalte in persönlichen Gesprächen. Das WiDok selbst wird immer nur von einer einzelnen Person editiert und danach in einer neuen Version veröffentlicht.

 Damit Ideen und Anregungen der Mitarbeiter direkt an den Autor gesendet werden können, gibt es ein entsprechendes »Kommentarfeld« in der Datenbank. Durch das Eingeben einer Nachricht wird der Autor über die Vorschläge der Nutzer informiert und kann das WiDok entsprechend weiterentwickeln.

6.4.1 Teilen und Fusionieren

WiDoks sollten grundsätzlich als handliche und übersichtliche Infopakete gestaltet werden. Der Weiterentwicklungsprozess eines WiDoks beinhaltet außerdem die Möglichkeit des Teilens und Fusionierens:

Teilen: Ein Dokument, das im Laufe der Zeit sehr komplex und dadurch umfangreich wird, sollte im Sinne der WBI-Methode in mehrere WiDoks geteilt werden. WiDoks mit ungleichem Inhalt sollten ebenfalls geteilt werden.

Fusionieren: Da das WiDok druckbar ist, ist es als Einheit erkenn- und abgrenzbar. Daher ist darauf zu achten, dass Dokumente mit thematisch ähnlichem Inhalt zusammengefasst werden.

 Es ist die Aufgabe der Führungskraft, die notwendige Teilung oder Fusionierung sowie andere Arten der Weiterentwicklung von WiDoks zu überwachen und die entsprechenden Autoren zu kontaktieren.

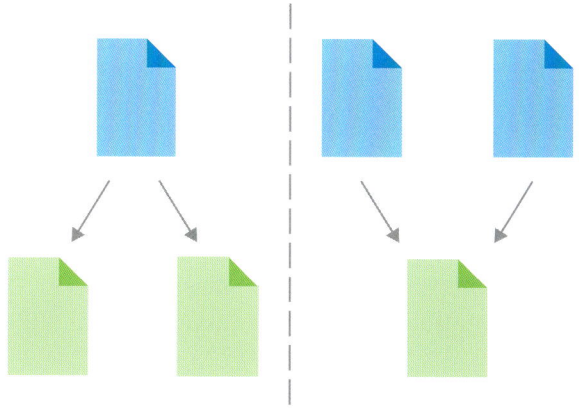

Abbildung 26: Weiterentwickeln durch Teilen und Fusionieren

6.4.2 Aktualitätskontrolle

WiDoks mit veralteten oder fehlerhaften Informationen können bei den Nutzern das Vertrauen in die Datenqualität und somit das Vertrauen in die Wissensdatenbank zerstören. Deshalb ist die Wiedervorlage bzw. Aktualitätskontrolle von WiDoks ein wichtiger Bestandteil der Weiterentwicklung.

Dabei werden die Autoren in einem definierten Zyklus dazu aufgefordert, den Inhalt eines Dokuments zu hinterfragen und anhand der Kriterien für Wissensdokumente zu prüfen, ob die Relevanz dafür noch gegeben ist.

Das Intervall kann nach Bedarf beliebig festgelegt werden. In der WBI-Methode sind derartige Kontrollen wöchentlich, monatlich, quartalsmäßig, halbjährlich oder jährlich vorgesehen. Bei der Wahl des Intervalls ist darauf zu achten, dass der Aufwand für die Aktualisierung nicht den Nutzen übersteigt.

Wurde das Dokument kontrolliert oder aktualisiert, benötigt es erneut eine Freigabe, um veröffentlicht zu werden. Dieser Regelmechanismus hält die Wissensbasis auf aktuellem Stand und dient der Sicherung der Qualität. Probst, Raub und Romhardt warnen in diesem Zusammenhang:

Ohne festgelegte Aktualisierungsmechanismen sterben Wissenssysteme über kurz oder lang.[20]

Je nach Wahl der Wissensdatenbank kann diese Aktualisierung direkt über das System erfolgen oder muss manuell ausgelöst werden. Durch die Wiedervorlage müssen sich die Autoren jedenfalls immer wieder mit dem Inhalt auseinandersetzen.

6.4.3 Änderungskommentar

Wird von einem bestehenden Dokument eine neue Version in die Freigabe gesendet, so sind die Änderungen nicht immer auf Anhieb zu erkennen. Deshalb ist es notwendig, dass der Autor einen Kommentar abgibt. **Dieser »Änderungskommentar« ist auch für Nutzer wichtig, da sie so auf einen Blick feststellen können, was sich im WiDok geändert hat.** Daher ist es ratsam, den Kommentar als Teil der E-Mail-Benachrichtigung mit der Aufgabe LESEN an die Nutzer zu senden.

Das Feld für den Änderungskommentar muss in der Wissensdatenbank als Pflichtfeld definiert werden, denn die kurze Zusammenfassung der vorgenommenen Änderungen erspart den beteiligten Führungskräften und Nutzern einiges an Zeit. Auch die Beseitigung von Unklarheiten stellt eine enorme Zeit- und somit natürlich auch Kostenersparnis dar.

---

20   Probst et al. 2012, S. 221

6.4.4 Veränderungsprozesse und Umsetzung

Durch die ständige Nutzung etabliert sich der Inhalt von WiDoks. So können in kürzester Zeit neue Abläufe und gewünschte Änderungen zur Routine werden. Erfasst und verteilt ein Autor eine neue Richtlinie, die besagt, wie etwas zukünftig zu erfolgen hat, schafft er damit die Basis für eine allgemeine Veränderung im Unternehmen. Diese schnelle und unkomplizierte Art der Umsetzung funktioniert natürlich nur bei einer Unternehmenskultur, bei der WiDoks auch Gültigkeit haben bzw. Gesetz sind. Wer in diesem Fall also nicht so handelt, wie es in den WiDoks beschrieben ist, handelt falsch. **WBI ermöglicht damit eine Form von Veränderungsprozessen und legt mit WiDoks einen Grundstein für die Weiterentwicklung im Unternehmen.**

6.5 Sichern

Das Bewahren oder Sichern von Wissen ist ein weiterer Schritt im WBI-Prozess. Das Sichern von Wissen ist sehr bedeutend, da so das wertvolle Unternehmenswissen festgehalten wird.

Abbildung 27: Der WBI-Prozess – Sichern

Wissen gilt in der WBI-Methode dann als gesichert, wenn das Dokument eine vom System vergebene eindeutige Dokumentennummer erhalten hat und in die Wissensdatenbank aufgenommen wurde. Erst dann kann es bewusst gesteuert und nutzbar gemacht werden.

An dieser Stelle sei an das Beispiel von Sisyphus aus Kapitel 6.1.5 erinnert: WiDoks funktionieren wie Widerhaken.

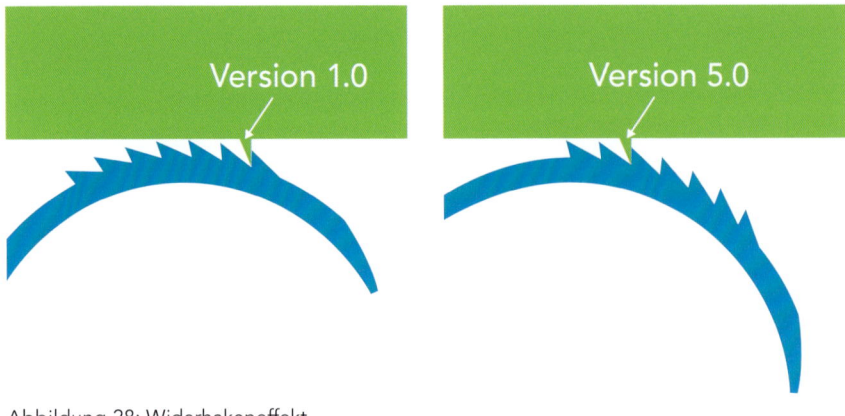

Abbildung 28: Widerhakeneffekt

WiDoks halten einen Wissensstand fest, weshalb dieser dann nicht mehr verloren gehen kann. Widerhaken haben zudem einen großen Vorteil: Greifen sie erstmals, so können sie sich nur noch weiter nach vorne bewegen – nach hinten sind sie abgesichert.

Gesicherte WiDoks stellen einen immensen Wert für ein Unternehmen dar, den es für Geschäftsführer, Führungskräfte und Entscheider zu erkennen gilt.

6.5.1 Technisches Sichern

Um das wertvolle Wissen zu erhalten, müssen die WiDoks in der Wissensdatenbank gesichert werden. Die Erfahrung hat gezeigt, dass es immer notwendig ist, von sämtlichen Inhalten der Datenbank ein Back-up zu erstellen, um einen möglichen Datenverlust zu vermeiden.

6.5.2 Sichern vor personellem Wissensverlust

Sichern ist ein wirksames Mittel, um dem personellen Verlust von Unternehmenswissen entgegenzuwirken. Mögliche Gründe dafür sind:

» Urlaub/Ferien
» Krankenstand/Arbeitsunfähigkeit
» Elternkarenz/Elternzeit/Mutterschaftsurlaub
» Abteilungswechsel von Mitarbeitern
» Pension/Rente/Ruhestand
» Austritt von Mitarbeitern

Weitere personell bedingte Formen von Wissensverlust sind die Speicherung von Wissen auf einem persönlichen Laufwerk und das Vergessen. Denn Wissen, das nicht niedergeschrieben wird, gerät oft schnell in Vergessenheit. Da die WBI-Methode großes Augenmerk auf das Erfassen von relevantem Wissen legt, kann einem Verlust von Wissen wirksam vorgebeugt werden.

 Ein Unternehmen mit einer Gebäudemanagement-Software sollte gewisse Funktionen und Details zur Anlage in einem WiDok festhalten. Gerade bei programmierten Abläufen ist es wichtig, einzelne Schritte und Überlegungen zu dokumentieren.

Ein Grund dafür ist die Unkenntnis anderer Mitarbeiter, die nicht aus der IT kommen. Diese können mit Quell- bzw. Programmiercodes nichts anfangen und deshalb auch nicht nachsehen, wie etwas programmiert ist.

Ein weiterer wichtiger Grund für das schriftliche Erfassen ist die Tatsache, dass bestimmte Gedanken und Ideen nach einiger Zeit in Vergessenheit geraten. Beschäftigt man sich anfangs intensiv mit einem Thema, erscheint im Augenblick alles logisch. Doch nach einiger Zeit kann sich das wieder ändern. Es ist daher wichtig, die ensprechenden Überlegungen in einem WiDok festzuhalten.

Wurde ein Problem oder ein Thema explizit gemacht, das aktuell nicht weiterverfolgt werden kann, so sollte es als WiDok in der Wissensdatenbank abgespeichert werden. Themen und Ideen mit Entwicklungspotenzial werden damit gesichert und gehen nicht verloren. Sie können später erneut abgerufen werden, wenn die Themen wieder aktuell werden.

Gerade bei Problemen findet sich oft erst später eine Lösung. Existiert dazu jedoch bereits ein WiDok, so muss es nur noch um das bisher fehlende Wissen ergänzt werden.

Ähnlich verhält es sich mit Projekten, in die viel Zeit investiert wurde, die aber aus diversen Gründen noch nicht realisiert werden konnten. Oft ist es anfangs noch zu früh für die Umsetzung oder es sind temporär keine Kapazitäten frei. In diesen Situationen ist es ratsam, das Projekt in einem WiDok festzuhalten. **Denn das ist einer der großen Vorteile von WBI: Wissen gerät nicht mehr in Vergessenheit.**

6.5.3 Sichern vor Diebstahl

Wissensmanagement ist natürlich ein zweischneidiges Schwert. Explizites, organisationales Wissen ist für ein Unternehmen sehr wertvoll und bringt viele Vorteile mit sich. Doch wenn Wissen von kompetenten Mitarbeitern erst einmal dokumentiert und veröffentlicht wurde, ist es natürlich auch vor Diebstahl nicht vollkommen geschützt.

Mitarbeiter könnten entsprechende Dokumente speichern und diese außerbetrieblich nutzen oder missbrauchen. Wenn ein Mitarbeiter beispielsweise durch einen Mitbewerber abgeworben wird, besteht die Möglichkeit der missbräuchlichen Verwendung von organisationalem Wissen. Deshalb sieht die WBI-Methode vor, dass sensible Informationen nur limitiert zugänglich sind.

6.6   Lebenszyklus eines WiDoks

Aus den vorangegangenen Kapiteln ergibt sich also folgender Lebenszyklus für WiDoks: Nach der Erfassung und dem ersten Verteilen wird das Dokument genutzt. Durch die produktive Nutzung wird es gleichzeitig überprüft und gegebenenfalls überarbeitet bzw. weiterentwickelt. Anschließend wird das Dokument neuerlich verteilt und steht wiederum zur Nutzung zur Verfügung.

Dieser Kreislauf kann beliebig oft durchlaufen und das Dokument somit ständig verbessert werden. Die Schritte Verteilen und Weiterentwickeln haben daher einen großen Stellenwert im Lebenszyklus eines WiDoks.

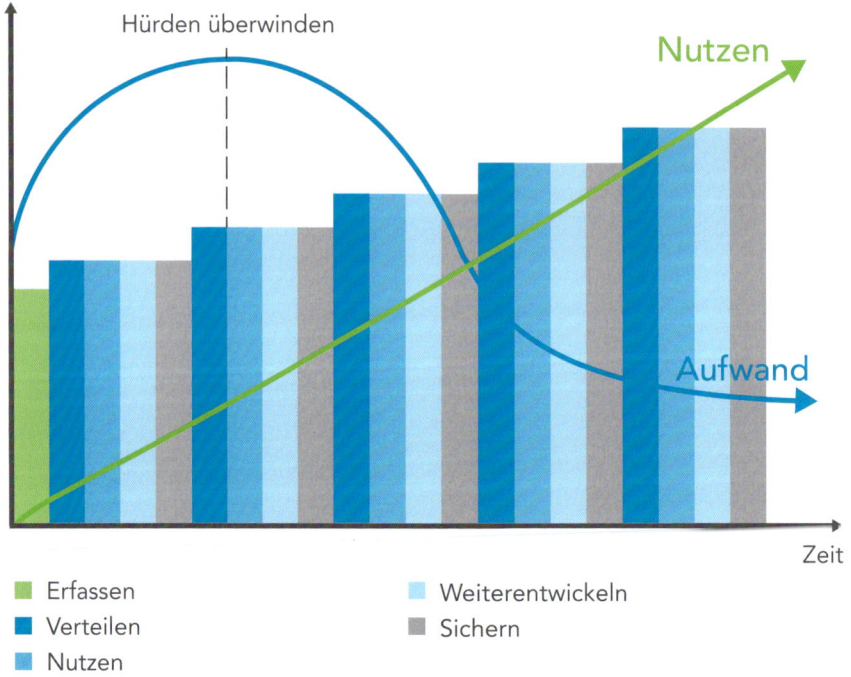

Abbildung 29: Lebenszyklus eines WiDoks

Der Lebenszyklus sieht zudem das Sichern von WiDoks als fixen Bestandteil vor, wodurch es bei jeder Überarbeitung in einer neuen Haupt- oder Nebenversion gespeichert wird. Das Sichern erfolgt, je nach Wahl der Wissensdatenbank, automatisch durch das System.

Da sich die Nutzenkurve relativ bald mit der Aufwandskurve überschneidet, generiert die WBI-Methode einen schnellen Nutzen für das Unternehmen.

 Der Wert eines WiDoks drückt sich auch in seinem erzielten Nutzen aus. Hat ein WiDok einmal einen bestimmten Wert erreicht, so nehmen auch dessen Nutzung und die Qualität ständig zu. Es wird zu einem sogenannten »Selbstläufer«.

Wenn vom Lebenszyklus von klassischen Produkten die Rede ist, so kommt an einem gewissen Punkt der Moment, in dem das Produkt eingestellt wird und stirbt. WiDoks dürfen im Vergleich zu einem klassischen Produkt jedoch nie gänzlich verschwinden, denn sie beinhalten ja wertvolles, explizites Unternehmenswissen.

Vereinzelt kann es dazu kommen, dass ein WiDok gelöscht wird, um die Wissensdatenbank aktuell zu halten. *Die Gründe für das Löschen von WiDoks finden Sie in Kapitel 6.7.7.* Der Großteil der WiDoks stirbt natürlich nur dann, wenn auch das Unternehmen stirbt oder sich der Unternehmenszweck komplett ändert.

6.7 Status von WiDoks

Bei der Arbeit mit WiDoks gibt es im WBI-Prozess verschiedene Status. Je nach System können diese definiert und in Workflows integriert werden. Dadurch können beispielsweise E-Mail-Benachrichtigungen versendet werden, wenn ein Wissensdokument einen bestimmten Status erreicht hat oder ein Autor auf die Freigabe eines WiDoks wartet.

6.7.1 Entwurf (neu oder unveröffentlicht)

Dieser Status gibt an, dass das Dokument noch neu bzw. unveröffentlicht ist. Es wurde noch keine Freigabeaufforderung an den oder die Freigeber versendet. Demzufolge hat ein WiDok in dieser Phase immer eine Nebenversionsnummer (Version 0.1, 0.2, 0.3 etc.).

Als Entwurf werden also WiDoks bezeichnet, die zwar bereits in die Wissensdatenbank hochgeladen wurden, aber noch nicht öffentlich sichtbar bzw. zugänglich sind.

6.7.2 Ausgecheckt (in Bearbeitung)

Um ein WiDok bearbeiten zu können, muss es zuerst aus dem System ausgelagert werden. Dieser Vorgang wird als »auschecken« bezeichnet.

Ist ein WiDok ausgecheckt, so ist die aktuelle Version ausschließlich für den Autor und den Freigeber sichtbar. Die Nutzer hingegen sehen zwischenzeitlich die letzte veröffentlichte Version des WiDoks. Damit ist gewährleistet, dass alle Mitarbeiter auch während der Überarbeitung eines Dokuments auf die notwendigen Informationen zugreifen können.

6.7.3 Eingecheckt (Freigabezyklus starten)

Mit dem Einchecken ist zwingend die Vergabe einer neuen Versionsnummer durch das System erforderlich. Beim Einspielen eines Entwurfs ist dies eine neue Nebenversionsnummer. Vor der ersten Veröffentlichung können beliebig viele Entwürfe als Nebenversionen gespeichert werden, bis der Inhalt die entsprechende Qualität aufweist.

Wenn dann das WiDok aus Sicht der bearbeitenden Person veröffentlicht werden soll, wird eine neue Hauptversionsnummer vergeben. Mit dem Einchecken wird gleichzeitig die Freigabe beim Freigeber angefordert.

6.7.4 Ausstehend (Freigabe angefordert)

Solange ein Freigeber ein WiDok noch nicht genehmigt hat, ist die Freigabe ausstehend. Die Nutzer sehen zu diesem Zeitpunkt nur die letzte veröffentlichte Version.

6.7.5 Abgelehnt (Freigabe nicht erfolgt)

Wurde die Freigabe des WiDoks abgelehnt, muss es vom Autor nochmals überarbeitet werden. Aus der Eintragung im dafür vorgesehenen Kommentarfeld geht eindeutig der Grund für die Ablehnung durch den Freigeber hervor.

Im Status »abgelehnt« ist das WiDok weiterhin ausschließlich für den Autor und den Freigeber sichtbar. Der Autor muss das Dokument erneut bearbeiten und danach einen weiteren Freigabezyklus starten, bevor er es veröffentlichen kann.

6.7.6 Veröffentlicht (Freigabe genehmigt)

Ist das WiDok freigegeben, wird es als neue Hauptversion (1.0, 2.0, 3.0 etc.) veröffentlicht. Es steht nun allen berechtigten Personen zur Nutzung und Weiterentwicklung zur Verfügung. Mitarbeiter, die mit dem Lesen des WiDoks beauftragt sind, bekommen eine Lesebenachrichtigung per E-Mail. Nun liegt es in der Verantwortung der Mitarbeiter, das WiDok zu lesen. Wird das WiDok weiterentwickelt und bearbeitet, so kann es jederzeit in einen neuen Freigabezyklus gesendet werden.

6.7.7 Gelöscht

Es gibt mehrere Gründe für die Löschung von Dokumenten:

»   Veraltete Inhalte
»   Fusionierte Inhalte
»   Umgesetzte Aufgaben oder Prozesse
»   Ungebrauchte Dokumente
»   Fehlgeschlagene Ideen und Versuche
»   Temporäre Dokumente

Wird ein Wissensdokument gelöscht, muss es dafür also einen guten Grund geben. Diesen Löschgrund muss der Initiator angeben, wenn er ein WiDok löschen will. Hierbei ist es wichtig, dass ein aussagekräftiger Grund genannt wird. Damit wichtige WiDoks jedoch nicht versehentlich oder ungewollt gelöscht werden, ist eine »Löschfreigabe« erforderlich.

Optimalerweise bekommen die Führungskraft und der Wissensmanager eine E-Mail-Benachrichtigung, wenn ein Mitarbeiter ein WiDok in die Löschfreigabe sendet – gerade wenn es sich um ein kleines Unternehmen handelt.

Es ist wichtig, dass sich das Top-Management mit der Thematik des Löschens auseinandersetzt und das wertvolle Wissen zusammenhält. So kann Wissensverlust verhindert werden.

Es ist zu vermeiden, dass WiDoks beliebig oder gar aus Verständnislosigkeit gelöscht werden. Dazu kann es beispielsweise bei der regelmäßigen Aktualitätskontrolle kommen oder wenn ein Mitarbeiter durch eine Führungskraft bzw. den Wissensmanager aufgefordert wird, seine WiDoks zu überprüfen. In derartigen Situationen neigen einige Mitarbeiter dazu, sich die anstehende Arbeit zu ersparen und Inhalte einfach zu löschen. Hier ist es wichtig, dass die Mitarbeiter sensibel abwägen, ob das Dokument noch den Kriterien für WiDoks entspricht oder besser gelöscht werden sollte.

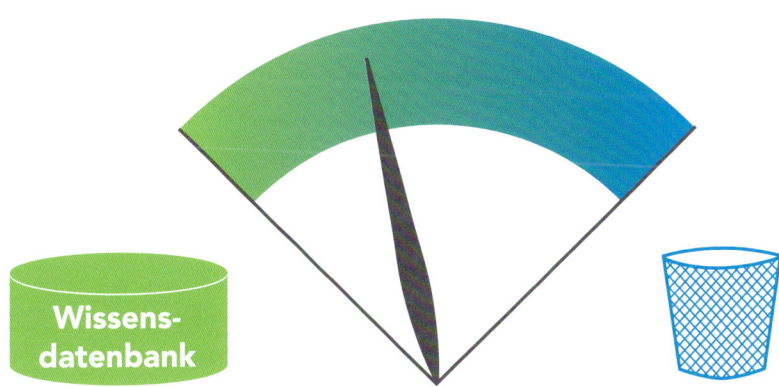

Abbildung 30: Das Barometer für Wissensdokumente

In manchen Fällen wird Wissen bereits nach einiger Zeit nicht mehr gebraucht. Darunter fallen auch WiDoks mit allgemeinem und externem Wissen, die nur temporär eingesetzt werden. Manche WiDoks begleiten ein Unternehmen also nur eine begrenzte Zeit.

Präsentationen können als temporäre WiDoks verteilt werden, sollten aber nach drei bis sechs Monaten wieder aus der Wissensdatenbank entfernt werden. Beispielsweise bei einer Neuprodukte-Schulung macht es Sinn, sie nur temporär in der Wissensdatenbank zu speichern. Wenn Produkte nach einiger Zeit jedoch nicht mehr als »neue« Produkte gelten, können diese WiDoks dann auch wieder entfernt werden.

Oft bringen Mitarbeiter oder Führungskräfte Ideen zur Verbesserung bestehender Abläufe oder Themen ein. Weicht die neue Idee sehr vom bestehenden Wissensdokument ab, kann es dazu kommen, dass alte WiDoks durch neue ersetzt werden.

Wenn ein Dokument erneuert werden soll, macht es Sinn, das alte WiDok erst dann zu löschen, wenn das neue bereits vorhanden und freigegeben ist. Die Praxis hat gezeigt, dass hier oft vorschnell gehandelt wird.

Kurz & knapp

» Der WBI-Prozess besteht aus den Schritten Erfassen, Verteilen, Nutzen, Weiterentwickeln und Sichern.

» WBI unterstützt die Entflechtung von Komplexität und begünstigt den Konsens über den Ist-Stand.

» Wissensmanagement basiert auf der Motivation der Mitarbeiter, ihr Wissen zur Verfügung zu stellen und zu teilen.

» WBI ist eine Kombination aus Push- und Pull-Prinzip.

» Die Freigabe sichert die Qualität des Inhalts eines WiDoks.

» Gibt es einen Autor und einen Freigeber, so verlangsamt sich zwar die Veröffentlichung, aber dafür wird das erfasste Wissen kontrolliert und freigegeben. Dank der Kontrolle wird also nur qualitativ hochwertiges Wissen veröffentlicht.

» WiDoks werden durch Mitarbeiter und Führungskräfte weiterentwickelt.

7 Rollen und Funktionen

Im folgenden Kapitel werden die Funktionen, die in den vorigen Kapiteln bereits mehrfach genannt wurden, genauer erläutert:

» Autor
» Freigeber
» Nutzer
» Geschäftsführung
» Führungskräfte
» Wissensmanager

7.1 Autor

Autoren, auch Wissensträger genannt, verantworten den Inhalt von WiDoks. Sie beschäftigen sich mit gewissen Themen, setzen sich damit kritisch auseinander und verfassen WiDoks dazu. Wissensträger, die über relevantes, spezifisches Unternehmenswissen verfügen, stellen dieses anderen Mitarbeitern zur Verfügung. Als Autoren eignen sich daher immer Experten eines bestimmten Themengebietes.

 Geht es darum, einen Experten zu einem gewissen Thema ausfindig zu machen, so kann – je nach Wahl der Software – gefiltert werden, welcher Mitarbeiter welche WiDoks verantwortet. Analysiert man daraufhin die Ergebnisliste des Filterns, wird schnell klar, bei welchen Themen bzw. Aufgaben ein Mitarbeiter als Experte auftritt. Die jeweiligen WiDoks eines Mitarbeiters spiegeln so seine Tätigkeiten im Unternehmen wider und können als eine Art »Stellenbeschreibung« herangezogen werden.

Grundsätzlich treten Autoren in Themengebieten, bei denen sie selber keine Experten sind, auch als Nutzer auf. Umgekehrt können Nutzer von gewissen WiDoks auch Autoren von anderen WiDoks sein – das ist immer abhängig von den jeweiligen Fachgebieten der Wissensträger.

Folgende Grafik veranschaulicht das Verhältnis von Wissensträgern zu WiDoks bei Meusburger:

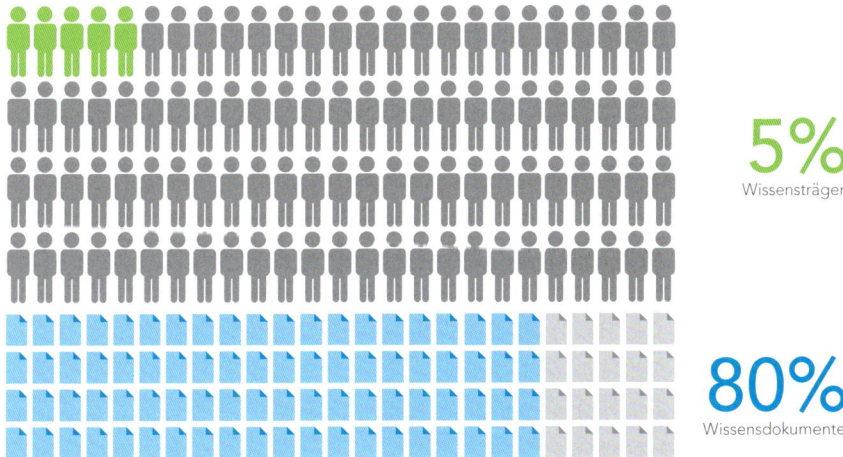

5%
Wissensträger

80%
Wissensdokumente

Abbildung 31: Prozentuelle Verteilung bei Meusburger

Statistisch gesehen verantworten bei Meusburger 5% der Mitarbeiter rund 80% der WiDoks. Die restlichen 95% der Mitarbeiter sind fast ausschließlich Nutzer. Umgerechnet sind bei Meusburger also 45 Mitarbeiter für rund 2.400 WiDoks zuständig. Somit verantwortet jeder Autor durchschnittlich rund 54 WiDoks.

Während des Lebenszyklus eines WiDoks kann es einen Autorenwechsel geben. Gründe dafür sind die zeitliche Inanspruchnahme von Experten und strukturelle Veränderungen im Unternehmen. Das Abgeben von WiDoks erfolgt in zwei Schritten, die oft aufeinander aufbauen: Der Autor delegiert oder vererbt das WiDok.

7.1.1 Autor delegiert WiDoks

Bei Meusburger delegieren einige Autoren das Schreiben an kompetente Mitarbeiter und geben dann die erfassten Inhalte frei.

Wenn ein Autor aus Zeitgründen das Schreiben eines WiDoks delegiert, so ist er trotzdem für die Inhalte verantwortlich. Er muss zudem darauf achten, dass die im WiDok beschriebenen Richtlinien und Abläufe im Unternehmen umgesetzt werden. Mit der Verantwortung für den Inhalt wird also auch immer die organisatorische Verantwortung geregelt.

7.1.2 Autor (ver)erbt WiDoks

Besondere Aufmerksamkeit bei der Arbeit mit WiDoks gilt den »vererbten« Dokumenten. Für das Vererben oder Übertragen von WiDoks gibt es verschiedene Ursachen:

» Versetzung von Mitarbeitern durch Umstrukturierung
» Erweiterung der Aufgabengebiete von Mitarbeitern
» Austritt von Mitarbeitern
» Entlastung von Führungskräften

Gerade Führungskräfte sollten immer wieder WiDoks an geeignete Mitarbeiter abgeben und die Verantwortung so auf mehreren Schultern verteilen. Die Führungskräfte werden dadurch entlastet und für die Mitarbeiter ist dies oft ein Zeichen von Wertschätzung und Anerkennung.

Werden einem neuen Mitarbeiter bestehende Dokumente übertragen, ist darauf zu achten, dass sich der neue Autor mit diesen Dokumenten eingehend beschäftigt. Natürlich ist es nötig, bei der Wahl des neuen Autors einen Mitarbeiter mit der entsprechenden Kompetenz zu wählen, damit er auch für den Inhalt verantwortlich zeichnen kann.

Erst wenn sich ein neuer Autor mit dem Inhalt der Wi-Doks identifiziert, kann sichergestellt werden, dass die Dokumente aktuell sind und weiterentwickelt werden. Denn wie die Erfahrung gezeigt hat, variiert je nach Autor nicht nur die Formulierung von Texten, sondern auch die Gestaltung von WiDoks. Mitarbeiter bringen hier oft ihre persönliche Note bzw. ihre persönliche Handschrift ein. Deshalb sollte sich ein neuer Autor mit dem bestehenden WiDok auseinandersetzen und es so umgestalten, dass er zukünftig damit arbeiten kann. Gerade bei komplexen WiDoks mit Formeln in Excel ist dieser Schritt sehr wichtig.

Setzt sich der Autor nicht ausreichend mit den Dokumenten auseinander, besteht die Gefahr, dass Theorie und Praxis innert kurzer Zeit auseinanderlaufen und das WiDok veraltet. **WBI empfiehlt daher ein persönliches Gespräch bei der Übergabe eines WiDoks sowie eine Übergangsphase, in welcher der vorige Autor noch zur Verfügung stehen sollte.**

Gerade wenn ein Mitarbeiter das Unternehmen verlässt, ist es wichtig, dass das Wissen bei seinem Austritt bereits erfasst ist. Es ist daher ratsam, dass Mitarbeiter ihr Wissen stetig und konsequent erfassen und nutzbar machen. Wird das Wissen erst in den letzten Tagen vor Austritt erfasst, leidet meist die Qualität der erfassten Inhalte darunter.

7.2 Freigeber

Der Freigeber ist die Person, die WiDoks und deren Metadaten auf ihre Richtigkeit hin überprüft und diese dann freigibt oder ablehnt. Bei Ablehnung der Freigabe muss der Freigeber einen schriftlichen Kommentar mit einer Begründung abgeben. Führungskräfte oder Geschäftsführer treten oft als Freigeber auf.

7.3 Nutzer

Als Nutzer werden die Anwender der Wissensdatenbank bezeichnet. Nutzer helfen aktiv bei der Weiterentwicklung von WiDoks mit, indem sie den Autoren Feedback geben. Viele Nutzer sind gleichzeitig auch Autoren und verantworten selber mehrere WiDoks zu bestimmten Themen.

7.4 Geschäftsführung

Es ist wichtig, dass die Geschäftsführung das Wissensmanagement als einen wichtigen Teil der Unternehmenskultur ansieht und aktiv eine Kultur aufbaut, die auf Vertrauen und Offenheit basiert und den Wissensaustausch fördert und fordert. Ihre Aufgabe ist es, das organisationale Wissen zusammen mit den Führungskräften und Mitarbeitern besser in das Unternehmen zu integrieren.

Natürlich kann die Geschäftsführung die Umsetzung und strategische Entwicklung des Wissensmanagements an einen Mitarbeiter delegieren – den Wissensmanager. Dieser sollte direkt der Geschäftsführung unterstellt und gegenüber anderen Mitarbeitern und Führungskräften wie Bereichsleitern nicht weisungsgebunden sein.

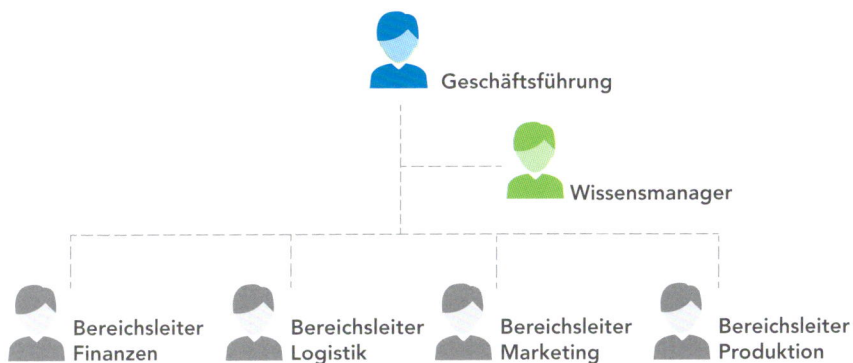

Abbildung 32: Organigramm mit Wissensmanager

7.5   Führungskräfte

Ab einer gewissen Größe haben viele Unternehmen ein mittleres Management, bestehend aus mehreren Führungskräften: die Bereichs- oder Abteilungsleiter. Diese Führungskräfte entscheiden in persönlichen Arbeitsgesprächen darüber, ob zu einem gewissen Thema ein WiDok erfasst werden soll, und beauftragen die Mitarbeiter mit der Erstellung.

Eine Führungskraft muss aber nicht nur das Erfassen eines WiDoks beauftragen, sondern auch aktiv für die Nutzung und Weiterentwicklung Sorge tragen. Sie muss die Produktivität und Weiterentwicklungspotenziale von WiDoks ständig aufdecken und die Mitarbeiter dazu anregen, mit den WiDoks zu arbeiten.

Meist sind diese Führungskräfte die Freigeber für die von ihnen beauftragten WiDoks und kontrollieren daher bei der Freigabe den Inhalt auf seine Richtigkeit. Nur qualitativ hochwertige WiDoks dürfen in Unternehmen veröffentlicht werden.

Auch beim Prozessschritt des Verteilens ist eine Führungskraft gefordert, da sie durch den abteilungsübergreifenden Blick am besten weiß, welche Mitarbeiter welche Informationen benötigen. Somit ist eine Führungskraft über den gesamten WBI-Prozess hinweg dazu aufgerufen, aktiv mitzuarbeiten. Wenn Wissensmanagement nur ein Lippenbekenntnis ist, aber nicht vorbildlich gelebt wird, wird es nicht funktionieren.

7.6   Wissensmanager

Ein Wissensmanager ist für das Management des Wissens innerhalb eines Unternehmens verantwortlich. Er wird durch die Geschäftsführung bestellt und ist den Führungskräften gegenüber nicht weisungsgebunden. Ein Wissensmanager verfügt demnach über disziplinarische Durchsetzungskraft, wodurch Interessens- und Machtkonflikte vermieden werden können.

Gerade bei der Einführung ist es wichtig, dass der Wissensmanager die volle Rückendeckung vom Top-Management erhält. Deshalb sollten Wissensmanager und Geschäftsführer einen engen Kontakt pflegen und sich Aufgaben entsprechend aufteilen. **Rund 90% der Aufgaben können an einen Wissensmanager delegiert werden, die restlichen 10% müssen jedoch bei der Geschäftsführung verbleiben, da sonst der Eindruck entstehen könnte, dass die Geschäftsführung nicht hinter dem Wissensmanagement steht.**

Aufgaben eines Wissensmanagers

» Wiederkehrende Bewusstseinsbildung im Unternehmen
» Definition von Wissenszielen sowie Maßnahmen zu deren Erreichung
» Strategische Planung von organisationalem Wissensmanagement zur besseren Integration von Wissen

» Implementierung und Betreuung der Wissensdatenbank
» Strukturierung und Verteilung des Wissens im Unternehmen
» konzeptionelle Entwicklung von Wissensmanagement-Ansätzen
» Auswertungen des Nutzerverhaltens
» Umsetzung von Projekten zur Erweiterung der Wissensbasis
» Schnittstelle zwischen Qualitätsmanagement, IT- und Personalabteilung
» Kontrolle und Anpassung des Corporate Designs von WiDoks
» Kontrolle von Löschfreigaben und Löschgründen
» Eingreifen bei Problemen mit dem System oder dem betriebsinternen Prozess des Wissensmanagements
» Schulung neuer Mitarbeiter

Persönliche Anforderungen an den Wissensmanager

» fundierte Grundkenntnisse im Bereich des Wissensmanagements
» freundliche, offene und kommunikative Art
» Teamgeist, Flexibilität, Genauigkeit, Belastbarkeit
» Einsatz- und Leistungsbereitschaft
» Kreativität und didaktische Begabung
» Grundverständnis der Betriebswirtschaft
» analytische Fähigkeiten

Ein wichtiges Werkzeug in der täglichen Arbeit des Wissensmanagers ist die Auswertung der Zugriffe und der Nutzung der Wissensdatenbank. Auf Basis dieser Daten kann der Wissensmanager analysieren, welche Mitarbeiter wie viele Inhalte generieren bzw. konsumieren.

Er erkennt so schnell allfällige Probleme und kann diese bei den Mitarbeitern ansprechen. Er nutzt diese Auswertungen und Analysen, um das organisationale Wissen nutzbringend in das Unternehmen einfließen zu lassen und darauf basierend Entscheidungen zu treffen.

Eine Wissensdatenbank eignet sich dafür besonders gut, da sie einen abgegrenzten Bereich darstellt, in dem sich ausschließlich WiDoks befinden. Der Wissensmanager kann somit alle Dokumente innerhalb dieses definierten Bereiches in den Wissensmanagement-Prozess einbinden, sie verwalten und steuern. Er hat darin die Möglichkeit, Konzepte zu erarbeiten, denen die WiDoks unterliegen sollen, und Regeln bzw. Richtlinien für diesen abgegrenzten Bereich zu definieren.

Durch diese Abgrenzbarkeit der WiDoks gegenüber anderen Dokumenten kann die Qualität der Wissensdatenbank auf einem hohen Niveau gehalten werden. Denn ohne sie gäbe es keine Metaebene sowie keine Regeln und Gesetze, aufgrund derer der Wissensmanager arbeiten kann.

Zu den Aufgaben einer Führungskraft bzw. eines Wissensmanagers zählt es auch, zu realisieren, wenn in einem Unternehmen mit viel Aufwand Wissen generiert wurde.

Oft gibt es Projekte, in die viel Zeit investiert wird, die dann aber aus bestimmten Gründen gestoppt werden müssen. Dass ein solcher Fall Kosten produziert, steht außer Frage. Bei einem Dokument, das nicht in die Wissensdatenbank kommt, ist die Situation ähnlich: Zeit wurde investiert und der Nutzen bleibt aus. Sollte sich also herausstellen, dass ein Mitarbeiter mehrere Stunden an einem Dokument mit Null-Nummer gearbeitet hat, liegt die Überlegung nahe, daraus ein WiDok zu machen und es in die Wissensdatenbank aufzunehmen. Denn wer verschenkt schon gerne Geld in Form von bereits geleisteter Arbeitszeit eines Mitarbeiters?

Kurz & knapp

» Autoren oder Wissensträger verfügen über spezifisches Unternehmenswissen und erfassen dieses in WiDoks.

» Freigeber überprüfen den Inhalt und geben WiDoks frei.

» Bei der Ablehnung der Freigabe ist ein Ablehnungskommentar verpflichtend.

» Nutzer wenden Wissen an und helfen bei der Weiterentwicklung von WiDoks.

» Führungskräfte regen zur Erfassung von WiDoks an und arbeiten aktiv bei der Verteilung, Nutzung und Weiterentwicklung mit.

» Wissensmanager arbeiten an der Entwicklung der Wissensdatenbank und helfen Mitarbeitern bei der Nutzung.

» Die Geschäftsführung gibt die Richtung vor und etabliert Wissensmanagement als Teil der Unternehmenskultur.

» Die Wissensdatenbank ist ein abgegrenzter Bereich und kann daher einfacher verwaltet und gesteuert werden.

8 Kommunikation, Hard- und Software

Mitarbeiter arbeiten täglich mit verschiedensten Kommunikationsmitteln. Sie besprechen Themen persönlich, am Telefon, senden Nachrichten via E-Mail und speichern Daten auf Laufwerken oder in Datenbanken. Die Nutzung der unterschiedlichen Informationskanäle bzw. Kommunikationsmedien schlägt sich auf die Umsatzrendite eines Unternehmens nieder. Nur wenn ein Unternehmen effizient organisiert und geführt wird sowie über einen zentralen Zugang zu Wissen verfügt, kann es erfolgreich sein.

8.1 Persönliches Gespräch

Das persönliche Gespräch ist sicher die optimale Form der Kommunikation, da so Missverständnissen bereits im Ansatz vorgebeugt werden kann. Nur im persönlichen Gespräch stehen sich die Interaktionspartner direkt gegenüber und die komplette Bandbreite der Kommunikationsmittel kann ausgeschöpft werden.

8.2 Telefon

Grundsätzlich ist das persönliche Gespräch dem Telefonat vorzuziehen. In manchen Fällen kann jedoch auch ein Telefonat nützlich bzw. ressourcenschonender sein. Mitarbeiter führen fast täglich Telefonate mit Kollegen, Kunden und Partnern an den unterschiedlichsten Orten. Dabei werden wichtige Inhalte besprochen, offene Fragen geklärt, Zusammenhänge erfasst und implizites Wissen wird geteilt. Gerade beim Wissenserwerb mit externen Wissensträgern bietet das Telefon großes Potenzial. Telefonate können in manchen Situationen aber auch eine Störung für den Angerufenen darstellen, da dieser bei seiner Arbeit unterbrochen wird.

8.3   E-Mail

Im Vergleich zum Telefonat ist die E-Mail keine Arbeitsunterbrechung, da der E-Mail-Empfänger selbst bestimmen kann, wann die E-Mail geöffnet und gelesen wird. Zudem ist es möglich, sich auf eine E-Mail zu beziehen und auf gewisse Übereinkünfte und Vereinbarungen hinzuweisen.

Mails können helfen, Orts- und Zeitunterschiede zu überwinden. Ein weiterer Vorteil ist die Tatsache, dass mit einer E-Mail ein breiter Personenkreis erreicht werden kann.

Gerade dieser Aspekt wird in der WBI-Methode kritisch betrachtet: Eine klassische Problematik der Distribution von Wissen in Unternehmen ist das Versenden von Inhalten oder Dokumenten per E-Mail. Das heißt, eine Person erfasst wichtige Inhalte in einem Dokument und verteilt es als Attachment via E-Mail an einen E-Mail-Verteiler. Doch was passiert?

» **Ein Mitarbeiter löscht die E-Mail,** nachdem er sie erstmals gelesen hat, und fragt bei erneutem Bedarf den Absender, ob er sie ihm nochmals zusenden kann – ein zeitlicher Aufwand für beide.

» **Ein anderer Mitarbeiter speichert das Dokument lokal ab** und blockiert dadurch Speicherplatz. Unter Umständen entwickelt der Absender das Dokument inzwischen weiter, die anderen Mitarbeiter wissen jedoch nichts davon und arbeiten immer noch mit der veralteten Version weiter.

» Ein mögliches drittes Szenario wäre der Eintritt eines neuen Mitarbeiters. Er beginnt erst Monate, nachdem der Absender die E-Mail gesendet hat, und **weiß nichts von der Existenz des Dokuments.** Natürlich kann er so auch die Inhalte des Dokuments nicht nutzen, um seine Aufgaben erfolgreich zu erfüllen.

8.4   Persönliches Laufwerk

Der Großteil der erstellten Dokumente entsteht im persönlichen Arbeitsbereich. Er ist vergleichbar mit einer Schublade im eigenen Schreibtisch oder einem Ordner im Schrank.

Dieser Bereich ist in seiner Struktur frei gestaltbar und nur eine Person hat Zugriff auf die sich darin befindlichen Daten. Die lokal gespeicherten Dokumente auf dem persönlichen Laufwerk sind oft digitalisierte Notizen oder Entwürfe, die in Arbeitsgesprächen entstanden sind. Dabei handelt es sich meist um Dokumente mit Null-Nummer, die als Grundlage für die Weiterentwicklung eines Themas dienen und später zu WiDoks werden können.

8.5   Öffentliche Laufwerke

Ein großer Teil der auf öffentlichen Laufwerken gespeicherten Dateien sind operative und temporäre Dokumente. Dazu kommen meist Grafiken, Logos, Filme und Animationen, die aufgrund ihres Dateiformats nicht in die Wissensdatenbank aufgenommen werden. Oft werden diese Dateien daher auf Gruppen- oder Firmenlaufwerken gespeichert und sind somit für definierte Personengruppen verfügbar.

In seltenen Fällen kann es aber auch sinnvoll sein, dass ein Dokument mit Null-Nummer nicht auf einem persönlichen, lokalen Laufwerk liegt, sondern auf einem öffentlichen Laufwerk. Wenn es sich beispielsweise um Wissen handelt, das zu einem gewissen Zeitpunkt nicht dem Charakter eines WiDoks entspricht, aber trotzdem für mindestens eine weitere Person relevant ist, können Dokumente auch übergangsweise dort gespeichert werden.

8.6　Wissensdatenbank

Entspricht ein Dokument den Kriterien eines WiDoks, wird es in die öffentliche Wissensdatenbank aufgenommen. Eine Wissensdatenbank ist je nach Wahl der Software ein leistungsfähiges System und dient als Speicher für das explizite Wissen eines Unternehmens.

Aus informationstechnologischer Sicht kann für eine Wissensdatenbank ein Dokumenten- oder Content-Management-System (DMS bzw. CMS) eingesetzt werden.

Die Beschaffenheit der Wissensdatenbank ist von der Wahl der Software abhängig und kann meist individuell angepasst werden. Natürlich gibt es hier viele verschiedene Anbieter bzw. Hersteller von passenden Software-Lösungen.

Nur qualitativ hochwertige Dokumente haben Platz in der Wissensdaten-bank. Deshalb dient die Freigabe, *die in Kapitel 6.2 genauer beschrieben wird*, als qualitätssichernde regulierende Maßnahme.

Meusburger ermöglicht durch den Einsatz eines DMS ein professionelles, systematisches und unkompliziertes Wissensmanagement im eigenen Unternehmen. Das DMS ist Bestandteil des Meusburger Intranets und fungiert dabei als Wissensdatenbank für über 3.000 WiDoks.

Die Analyse der Laufwerke bei Meusburger hat gezeigt, dass nur rund ein Zehntel der existierenden Dokumente WiDoks sind. Somit existieren rund 30.000 Dokumente auf Laufwerken und nur 3.000 Dokumente sind WiDoks in der Wissensdatenbank.

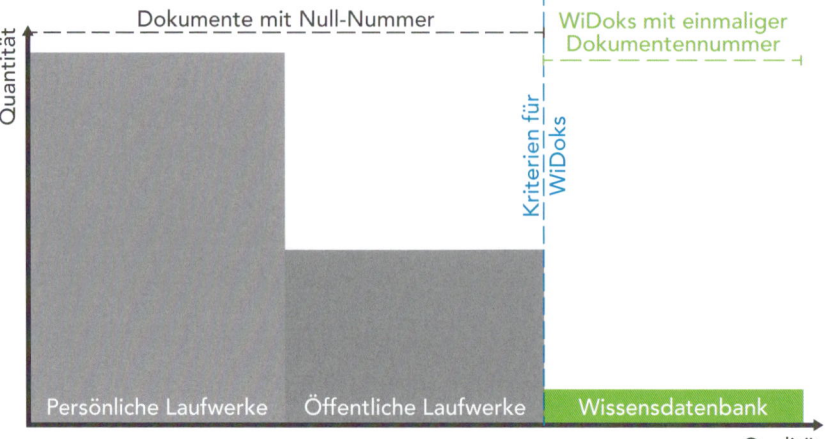

Abbildung 33: Verhältnis Laufwerke zu Wissensdatenbank

 Analysieren Sie Ihre Laufwerke und, falls bereits vorhanden, auch Ihre Wissensdatenbank.

» Wie viele Dateien beinhalten unnützes oder redundantes Wissen?

» Wie viele Dokumente liegen derzeit lokal auf den Laufwerken der einzelnen Mitarbeiter?

» Wie viele liegen auf den öffentlichen Laufwerken?

» Wie viele WiDoks haben Sie bereits?

8.6.1 Die Nutzung der Wissensdatenbank

Es ist wichtig, dass den Mitarbeitern der Wert des Wissens bewusst ist und sie lernen, die Wissensdatenbank optimal zu nutzen. Denn nur wenn das System oft und gerne genutzt wird, werden Mitarbeiter weitere Inhalte generieren. Deshalb muss das System lebendig und funktionsfähig gehalten werden. Dafür ist seitens der Führungsetage eine klare Anweisung notwendig, die vorhandenen WiDoks in der Wissensdatenbank zu nutzen.

Aufgrund von Routine und mangelnder Motivation werden oft parallele Welten aufgebaut, in welchen die vorhandenen Wissensdokumente nicht genutzt bzw. ignoriert werden. Es ist daher wichtig, dass die Führungskräfte die Nutzung der Wissensdatenbank forcieren und den Mitarbeitern die korrekte Nutzung zeigen. Es gilt, gegen die allgemeine Gewohnheit der Menschen anzukämpfen, damit sich das Wissensmanagement im Unternehmen etablieren kann. Auch die Attraktivität des Intranets sowie die Nutzerfreundlichkeit können Faktoren sein, welche die Nutzung beeinflussen.

8.6.2 Die Suche in der Wissensdatenbank

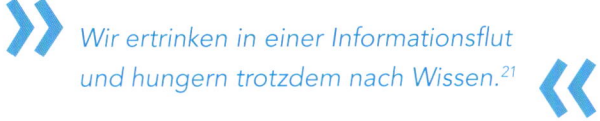

Wir ertrinken in einer Informationsflut und hungern trotzdem nach Wissen.[21]

Wie dieses Zitat verdeutlicht, reicht es im Unternehmensalltag nicht aus, eine Wissensdatenbank zu haben. Solange die Nutzer die benötigten Informationen nicht finden, ist diese nur bedingt hilfreich. Die Suchfunktion stellt daher einen wichtigen Faktor für die Nutzung dar. Je nach Ausgangslage kann bei der Suche folgende Unterscheidung gemacht werden:

---

21   Rutherford D. Rogers (*1915), Bibliotheksvorstand an der Yale Universität in New Haven, 1985

» **Recherche:** Die suchende Person ist sich nicht sicher, ob zu einem gewissen Thema schon ein WiDok erfasst wurde, und recherchiert in der Wissensdatenbank.

» **Gezielte Suche:** Die suchende Person geht davon aus, dass sich im System bereits ein WiDok zum gesuchten Thema befindet.

Die Suche in einer Wissensdatenbank unterscheidet sich maßgeblich von einer Suche mit einer Suchmaschine im Internet. Bei öffentlichen Suchmaschinen werden meist unzählige Ergebnisse mit fragwürdigem, oft widersprüchlichem Inhalt angezeigt. **In einer firmeninternen Wissensdatenbank befinden sich dank der WBI-Methode nur WiDoks, deren Inhalt überprüft und freigegeben wurde. Somit können die Nutzer stets auf verifiziertes Wissen zugreifen.**

Die Suche kann je nach System über verschiedene Wege erfolgen:
» Suche mittels Suchbegriff(en)
» Suche mittels Dokumentennummer
» Suche bzw. Filtern über die Metadaten

Laut einer deutschen Studie des »München – Institut für Marktforschung«, kurz mifm[22], im Auftrag der Haufe-Lexware GmbH & Co KG aus dem Jahr 2014, fragen 65% der befragten Personen zuerst bei Kollegen nach den benötigten Informationen. Erst an zweiter Stelle steht das Intranet. Die gleiche Studie besagt, dass 71% der befragten 300 Personen die Suche als kompliziert empfinden und nicht wissen, wo welche Informationen abgelegt sind.

Rund 90% der Suchvorgänge einer gezielten Suche sind bei der WBI-Methode erfolgreich. **Denn die Mitarbeiter wissen durch die Lesebenachrichtigungen oft schon im Vorfeld, welche WiDoks sich in der Wissensdatenbank befinden.**

---

22   München – Institut für Marktforschung GmbH http://whitepaper.haufe.de/unternehmensfuehrung/Studie-Wissen-in-Unternehmen/,82,355,48; 03.03.2015

8.6.3 Die Wahl der richtigen Software

Bei der Wahl der Software ist zu beachten, dass auf bestehenden Systemen aufgebaut werden sollte, um die Akzeptanz bei den Mitarbeitern zu erhöhen und um Aufwand und Kosten zu sparen. Zudem sollte eine webbasierte Software eingesetzt werden, damit keine Software-Installation notwendig ist.

Wissensmanagement mit der WBI-Methode funktioniert sowohl auf Basis eines DMS als auch CMS. Es baut auf den vorhandenen Systemen eines Unternehmens auf und integriert diese in den Prozess des Wissensmanagements.

Das DMS bietet gegenüber dem CMS einige Vorteile: Inhalte in CM-Systemen sind meist nicht dokumentenbasiert und haben daher keinen Dokumentenkopf. Sie können deshalb nicht datiert und zugeordnet werden. CMS-Inhalte sind zudem oft nicht druckoptimiert, weshalb sie nicht als Grundlage für Arbeitsgespräche verwendet werden können. Auch aus technischer Sicht gibt es Vorteile, die belegen, warum dokumentenbasiertes Wissensmanagement mit einem DMS besser ist als mit einem CMS.

» Falls der Internetzugang nicht immer gewährleistet ist, können die WiDoks im DMS auch offline verwendet werden.

» Ein Standard-User ohne Programmierkenntnisse hat, was die Editierbarkeit von Inhalten betrifft, bei WiDoks in Word oder Excel mehr Möglichkeiten als bei einem HTML-basierten CMS.

Die Entscheidung für die Wahl der Software sollten Sie jedoch von den Mechanismen der WBI-Methode abhängig machen. Denn ob Sie die Vorteile dieser Mechanismen nutzen können oder nicht, hängt unmittelbar von der Wahl der Software bzw. des Herstellers ab.

Folgende Punkte sollten Sie daher bei der Wahl einer informationstechnologischen Lösung berücksichtigen:

» Management der Metadaten
» Management der Lesebenachrichtigungen
» Management der Freigabe- und Löschzyklen
» Optimale Suchfunktion
» Möglichkeit der Versionsverwaltung
» Möglichkeit der Wiedervorlage
» Möglichkeit, Änderungs- und Löschkommentare zu verfassen
» Vergabe von Dokumentennummern
» Auswertung der Nutzung

Kurz & knapp

» Das persönliche Gespräch dient als Basis für jedes Arbeitsgespräch und ist allen anderen Kommunikationsformen vorzuziehen. Es ist ein wichtiger Bestandteil der WBI-Methode.

» Telefonate unterbrechen andere bei der Arbeit und verursachen Unruhe im Unternehmen.

» E-Mails sind oft nur temporär und damit beschränkt zugänglich.

» Persönliche Laufwerke eignen sich für digitalisierte Notizen und Entwürfe von Dokumenten mit Null-Nummern.

» Öffentliche Laufwerke bieten Platz für operative und temporäre Dokumente sowie für Dateiformate, die nicht in die Wissensdatenbank aufgenommen werden können.

» Eine Wissensdatenbank ist zeitlich und örtlich unbegrenzt verfügbar und bietet die Funktionen, die WBI voraussetzt.

» Die nutzerfreundliche Handhabung sowie die unkomplizierte Suche sind zwei ausschlaggebende Faktoren für erfolgreiches Wissensmanagement.

» WBI nutzt bestehende Systeme und baut darauf auf – es ist flexibel und branchenunabhängig einsetzbar.

9 Wie führen Sie WBI erfolgreich ein?

Es gibt für die Einführung von Wissensmanagement keine standardisierte Vorgehensweise. Allerdings gibt es für die Einführung der WBI-Methode einen möglichen Ablauf.

Oft wird Wissensmanagement bereits in irgendeiner Form im Unternehmen eingesetzt. Manche Firmen verfügen über ein »Schwarzes Brett«, andere haben eigene Firmenhandbücher mit wichtigen Informationen. Erfinden Sie daher das Rad nicht neu, sondern finden Sie heraus, ob ein Bereichsleiter nicht vielleicht schon mit Wissensmanagement arbeitet.

Sprechen Sie mit Ihren Bereichs- und Abteilungsleitern über Wissensmanagement und finden Sie heraus, wer bereits aktiv ist. **Nutzen Sie die bestehenden Prozesse, verbessern Sie sie und verwenden Sie diese beispielhaft für andere Bereiche.**

WBI muss also nicht zwangsläufig von einem Geschäftsführer eingeführt werden. Auch ein motivierter Bereichsleiter, der in seinem Bereich Entwicklungspotenzial sieht, kann WBI im Kleinen einführen. Sobald sich die Methode dann bewährt hat, kann der Bereich im Sinne der »Best Practice« als Beispiel für andere Bereiche dienen.

Sollten Sie noch keinerlei Vorreiter des Wissensmanagements im Unternehmen haben, hier eine Hilfestellung für ein mögliches Einführungsszenario.

9.1 Projektteam bilden

Das Top-Management bildet die Basis für erfolgreiches Wissensmanagement. Lassen Sie Ihren Worten Taten folgen und stehen Sie mit Konsequenz hinter der Einführung. Versuchen Sie gleichzeitig auch, Ihre Mitarbeiter so früh wie möglich ins Boot zu holen. Wenn Wissensmanagement bei Ihren Mitarbeitern auf Akzeptanz stößt und bestenfalls auch im Unternehmensleitbild verankert ist, hat es bessere Erfolgschancen. Folgende Mitglieder sollten daher in Ihrem Projektteam vertreten sein:

» Geschäftsführer oder Inhaber
» IT-Leiter oder -Mitarbeiter
» Motivierte Mitarbeiter aus verschiedenen Bereichen

9.2 Ist-Analyse

Setzen Sie sich bei einem Kick-off Meeting mit Ihrem Projektteam zusammen und vermitteln Sie die Relevanz von betrieblichem Wissensmanagement bzw. den Wert von Wissen. Erstellen Sie anschließend eine Ist-Analyse und klären Sie anhand dieser die folgenden Fragen zur Einführung:

» Warum betreiben wir Wissensmanagement?
» Welches Wissen soll erfasst werden und wie?
» Warum sollen die Mitarbeiter das Wissen erfassen?
» Wer soll sein Wissen teilen?
» Wer soll dieses Wissen konsumieren?
» Was sind die Bedürfnisse von Autoren und Nutzern?
» Wann soll die Einführung abgeschlossen sein?
» Welche Software sollen wir einsetzen?
» Wie viel Zeit wollen bzw. müssen wir investieren?

Sobald diese grundlegenden Themen geklärt sind, sollte eine erste Vorankündigung an die übrigen Mitarbeiter erfolgen. Geben Sie bekannt, dass eine Wissensdatenbank geplant ist, und nennen Sie einige der vielen Vorteile.

Gerade in dieser Phase zeichnet sich oft ein Mitarbeiter ab, der sich beim Thema Wissensmanagement besonders engagiert: ein potenzieller Wissensmanager!

9.3 Wissensmanager bestellen

Konzeption und Umsetzung des Wissensmanagements obliegen zu Beginn meist der Geschäftsführung eines Unternehmens. So wie sich dank der ISO-Zertifizierungen in den letzten zwanzig Jahren die Qualitätsmanager in Unternehmen etabliert haben, so werden in den nächsten zehn Jahren die Wissensmanager eine ähnliche Position in den verschiedenen Unternehmen einnehmen. **Dabei ist es wichtig, dass der Wissensmanager, ähnlich dem Qualitätsmanager, direkt der Geschäftsführung unterstellt ist.**

Speziell bei der Einführung von Wissensmanagement bzw. WBI kann diese Aufgabe einem bestehenden Mitarbeiter, der über die entsprechenden Kompetenzen und das notwendige Insiderwissen verfügt, übertragen werden.

Überlegen Sie sich, welcher Ihrer Mitarbeiter ein guter Wissensmanager wäre. Kann der Mitarbeiter die damit verbundenen *Aufgaben aus Kapitel 7.6* übernehmen und entspricht er den genannten Anforderungen?

9.4   Bewusstsein schaffen

Damit die Einführung von Wissensmanagement ein Erfolg wird, ist es wichtig, dass nicht nur dem Projektteam, sondern allen Mitarbeitern bewusst gemacht wird, wie wertvoll Wissen ist.

Die Philosophie von Wissensmanagement sollte daher vom Top-Management verinnerlicht, kommuniziert und exekutiert werden. Denn die Einführung eines funktionierenden Wissensmanagements ist viel weniger eine Frage der Technik, als vielmehr ein Thema der richtigen Führung.

 Schaffen Sie – oder Ihr neuer Wissensmanager – bei den Mitarbeitern Bewusstsein für WBI. Mit einer kurzen Präsentation können leicht die Vorteile und positiven Nebenerscheinungen kommuniziert werden.

Es reicht jedoch nicht aus, den Mitarbeitern einmalig eine Präsentation zu zeigen. **Das Thema Wissensmanagement muss täglich im Unternehmen präsent sein und gelebt werden, um nicht an Einfluss zu verlieren.**

9.5   Software wählen und implementieren

Als nächster Schritt muss eine Entscheidung für die informationstechnische Lösung für die Wissensdatenbank gefällt werden. An dieser Stelle ist es wichtig, auf bestehende Systeme aufzubauen, um die Hürden der Einführung so gering wie möglich zu halten.

Bei der Wahl der Software sollten die Geschäftsführung und der Wissensmanager festlegen, welche Mechanismen für das Unternehmen wichtig sind.

Streichen Sie die irrelevanten Faktoren durch oder markieren Sie die relevanten. Beantworten Sie danach die entsprechenden Fragen dazu.

Management der Metadaten

» Welche Metadaten sind für das Unternehmen relevant?
» Welche Metadaten werden auf den WiDoks sichtbar angeführt?
» Welche Metadaten sind nur im System ersichtlich, aber nicht auf dem WiDok selber?
» Unterscheiden sich die Metadaten bei Dokumenten für den internen bzw. externen Einsatz?

Management des WBI-Prozesses

» Wer darf WiDoks hochladen oder bearbeiten?
» Wer gibt WiDoks frei?
» Handelt es sich um eine einstufige oder mehrstufige Freigabe?

Optimale Suchfunktion

» Welche Suchbegriffe sollen verwendet werden?
» Ist eine Volltextsuche gewünscht?

Möglichkeit der Versionsverwaltung

» Gibt es eine Versionsverwaltung?
» Wie viele vorige Versionen werden als Back-up gespeichert?

Möglichkeit der Wiedervorlage

» In welchem Abstand sollen Dokumente aktualisiert werden?
» Ist eine automatische Wiedervorlage durch das System möglich?

Möglichkeit der Auswertung

» Können mit dem System oder mittels einer Erweiterung Auswertungen zum Nutzerverhalten erstellt werden?

Vergabe von Dokumentennummern

» Bekommen WiDoks eine einmalige Dokumentennummer?
» Wie viele Stellen hat der Nummernkreis?
» Sind Dokumentennummern auf externen WiDoks sichtbar?
» Werden die Dokumentennummern manuell vergeben oder durch das System?

 Beantworten Sie abschließend noch folgende allgemeine Fragen, bevor Sie sich für ein System entscheiden:
» Welche Bereiche gibt es im Unternehmen bzw. soll es in der Wissensdatenbank geben?
» Wer hat welche Sichtbarkeitsrechte?
» Wer hat welche Zugriffsrechte bzw. ist in welcher Gruppe?
» Gibt es exklusive Bereiche für die Mitarbeiter aus Finanz und Personal sowie für die Geschäftsführung?

Sobald Sie sich für eine Software entschieden haben, können Sie mit der Implementierung und der Anbindung an bestehende Systeme beginnen.

Bei der Einführung einer neuen Software ist es aber von höchster Bedeutung, dass das System in einer Testphase auf seine Funktionalität und Nutzerfreundlichkeit erprobt wird. Erst wenn das System technisch ausgereift ist, kann die Wissensdatenbank mit WiDoks gefüllt werden. **Denn die Nutzerfreundlichkeit und die Vermeidung von unnötigen technischen oder persönlichen Hürden sind bei der Einführung von Wissensmanagement sehr wichtig.**

9.6   Wissen bei der Einführung erfassen

Bei der Einführung von WBI ist vor allem das bereits erfasste Wissen relevant. Verwenden Sie daher zu Beginn bestehende Dokumente aus den verschiedenen Bereichen Ihres Unternehmens und laden Sie diese in die Wissensdatenbank.

Es ist leichter, sich zuerst dem expliziten Unternehmenswissen zu widmen, da vor allem implizites Wissen nicht einfach zu heben ist. Holen Sie sich pro Bereich einen kompetenten Mitarbeiter mit ins Boot, um die Auswahl dieser wichtigen Dokumente zu erleichtern. Er kennt sicherlich die relevanten Dokumente aus seinem Bereich und kann Sie bei Ihrem Vorhaben unterstützen.

Gerade Eigentümer, Geschäftsführer und Pioniere in Branchennischen wissen oft sehr gut, welches organisationale Wissen im Unternehmen erhaltenswert ist und daher dringend gesichert werden sollte.

Quantitative Phase

Bei der Einführung von WBI ist es ratsam, eine Vielzahl an WiDoks in die Wissensdatenbank zu stellen. In dieser quantitativen Phase wird die Datenbank mit vielen WiDoks angereichert.

Somit lernen die Nutzer, dass sie zukünftig in der strukturierten Wissensdatenbank die notwendigen Informationen finden können, und nutzen diese vermehrt. Die Anzahl an WiDoks steigt daher in der quantitativen Phase rasant an, *was in Abbildung 34 dargestellt wird.*

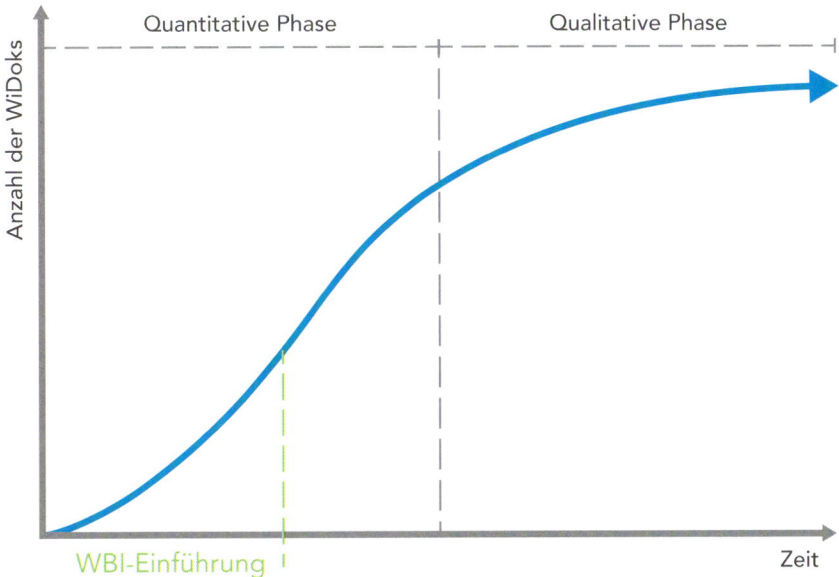

Abbildung 34: Quantitative und qualitative Phase von WBI

 **Tipp** Gehen Sie gerade in der Einführungsphase bei der Freigabe mit kritischem Feedback eher zurückhaltend um. Ermutigen Sie Ihre Mitarbeiter und bringen Sie mit konstruktiver Kritik geeignete Verbesserungsvorschläge ein.

Qualitative Phase

Sobald die Wissensdatenbank Akzeptanz bei den Mitarbeitern erfahren hat, kann mit der qualitativen Phase begonnen werden. In dieser Phase wird die Qualität des Inhalts der WiDoks strenger überprüft als in der quantitativen Phase. WiDoks werden weiterentwickelt und teilweise wieder gelöscht. In dieser Phase wird vorrangig mit bestehenden Dokumenten gearbeitet – es kommen nur wenige neue WiDoks hinzu. *Die Kurve in Abbildung 34 flacht daher langsam ab.*

 In kleinen Unternehmen wird für die Einführung von WBI eine ähnliche Vorgehensweise wie die von Seniorchef Georg Meusburger empfohlen. Bei der Einführung ist es ratsam, eine Art »Redaktionsteam« – bestehend aus Führungskraft und Assistenz – einzusetzen.

Die Führungskraft ist dabei die forcierende Person, die das Wissensmanagement vorantreibt und den Mitarbeitern als Vorbild dient. Die Assistenz übernimmt die Tätigkeit des Schreibens und sorgt für ein einheitliches Wording sowie ein einheitliches Erscheinungsbild der Dokumente.

Später, wenn sich das Wissensmanagement im Unternehmen etabliert hat, sollte die Verantwortung für das explizite Wissen auf mehrere Schultern und somit auf mehrere Autoren verteilt werden.

Durch das dezentralisierte Erfassen von Wissen bleibt der Umweg über ein Redaktionsteam erspart, denn der Autor erfasst sein Wissen direkt im WiDok. Das Wissensmanagement entwickelt so eine gewisse Eigendynamik.

 Damit aber auch das einheitliche Erscheinungsbild in dieser Phase beibehalten wird, ist eine zusätzliche Freigabe für das Corporate Design von WiDoks ratsam. Im Rahmen dieser »CD-Freigabe« wird das einheitliche Design überprüft und kann gegebenenfalls angepasst werden. *Dies betrifft alle in Kapitel 5.5 definierten Bestandteile des CD.*

9.7 Auswertung der Nutzung

Das Nutzerverhalten gibt Aufschluss darüber, ob die Wissensdatenbank von den Nutzern angenommen wird oder ob es hier Verbesserungspotenzial gibt. Folgende Themen bzw. Fragen können vom Wissensmanager oder Geschäftsführer ausgewertet werden:

» Welche sind die am häufigsten verwendeten WiDoks?

» Welche WiDoks werden nur wenig genutzt?

» Welcher Autor verwaltet wie viele WiDoks?

» Wer nutzt die Wissensdatenbank wie oft?

» Welche Nutzer haben welche WiDoks gelesen?

» Wie entwickelt sich die Anzahl der WiDoks?

» Wie viele Dokumente mit Null-Nummer gibt es?

» Wie viele ausgecheckte Dokumente oder Entwürfe gibt es?

» Wie viele WiDoks warten auf Freigabe bzw. Löschfreigabe?

» Wie viele Versionen eines WiDoks gibt es?

» Wie schnell entstehen neue Versionen?

9.8   Die Suche nach neuen WiDoks

Oft schlummern auf den persönlichen und öffentlichen Laufwerken in Ihrem Unternehmen wichtige WiDoks mit essenziellem Wissen. Damit dieses Wissen allen zugänglich gemacht werden kann, müssen diese WiDoks gefunden und in die Wissensdatenbank aufgenommen werden.

Hilfreiche Indizien für die Suche nach relevanten Dokumenten sind:

» Dateiname (z. B. Checkliste, Vorlage, Analyse, Präsentation und viele weitere *Arten von WiDoks – siehe Kapitel 5.3 auf den Seiten 47 und 48*)
» Dateiformat (Word, Excel, PowerPoint)
» Dateigröße
» Letztes Änderungsdatum
» Name des Autors

Wird ein entsprechendes Dokument gefunden und als wertvoll erachtet, so können der Wissensmanager oder die Führungskraft den Autor auffordern, das Dokument in die Wissensdatenbank aufzunehmen.

Kurz & Knapp

» WBI kann von der Geschäftsführung oder auch von einem motivierten Mitarbeiter bzw. Bereichsleiter eingeführt werden.

» Bei der Einführung von Wissensmanagement sollte zuerst ein Projektteam mit Personen aus den verschiedenen Bereichen gebildet werden.

» Das Team klärt mit einer Ist-Analyse bei einem Kick-off Meeting die wesentlichen Fragen und wichtige Aspekte des Projekts.

» Konzeption und Umsetzung der Einführung können durch die Geschäftsführung erfolgen oder an einen Wissensmanager delegiert werden.

» Für eine erfolgreiche Einführung muss allen Mitarbeitern die Relevanz von Wissensmanagement bewusst gemacht werden.

» Vor der Einführung eines neuen Systems muss dieses intensiv getestet und im Hinblick auf die Nutzerfreundlichkeit überprüft werden.

» Bei der Einführung von Wissensmanagement ist es wichtig, zuerst bestehende Dokumente in die Wissensdatenbank hochzuladen.

» Die Auswertungen geben Aufschluss darüber, ob die Wissensdatenbank von den Nutzern angenommen wird, und dienen dem Wissensmanager als Basis für weiterführende Maßnahmen.

10 Zusammenfassung und Ausblick

WBI ist eine erfolgreiche, praktische Methode des Wissensmanagements, die es einem Unternehmen durch die Optimierung der Umsatzrendite ermöglicht, zu überleben. Ich verwende an dieser Stelle bewusst den Begriff »überleben«, da sich in unserer schnelllebigen Zeit die Märkte und deren Anforderungen immer rasanter verändern. Der Grundzweck jedes Unternehmens ist nach meiner Auffassung, ständig am eigenen Überleben zu arbeiten. Doch wie kann die Überlebensfähigkeit gesichert werden?

WBI sieht die Lösung darin, essenzielles Wissen zu sichern, damit es ständig genutzt und weiterentwickelt wird und so nicht mehr verloren gehen kann. Ich bin seit langem der Überzeugung, dass in jedem Unternehmen bereits in der einen oder anderen Form unbewusst Wissensmanagement betrieben wird – auf den Laufwerken der Mitarbeiter, in einem Intranet oder vielleicht auch per E-Mail. WBI zeigt, wie Sie organisationales Wissen in Ihrem Unternehmen besser integrieren. Der wichtigste Bestandteil der WBI-Methode ist dabei das WiDok. In diesen druckoptimierten Wissensdokumenten kann wertvolles, relevantes Unternehmenswissen festgehalten werden. Aufgrund der Anwendung der WiDoks durch die Nutzer und andere Wissensträger werden diese ständig weiterentwickelt und gewinnen an Qualität. Dem Nutzen durch die Erstellung von WiDoks steht natürlich ein gewisser Aufwand gegenüber, denn für das Externalisieren von Wissen wird Arbeitszeit investiert. Aber denken Sie bei der Einführung von WBI an folgende Geschichte:

Ein Mann läuft durch den Wald und trifft auf einen ächzenden, schwitzenden Waldarbeiter, der gerade mit einer stumpfen Säge einen Baum fällen will. Der Mann fragt den Waldarbeiter erstaunt, ob er nicht erst seine Säge schärfen wolle. Der Waldarbeiter blickt auf und erwidert empört, dass er keine Zeit dazu habe, da er ja Bäume fällen muss.

Die Botschaft dahinter ist klar: Nehmen Sie sich zu Beginn die Zeit und investieren Sie etwas, um später langfristig davon zu profitieren. Genauso verhält es sich mit der Philosophie von WBI. Wenn organisationales Wissen erst einmal erfasst und verteilt ist, entwickelt sich daraus etwas Wertvolles, von dem Sie und Ihre Mitarbeiter profitieren werden.

Natürlich ist es zu Beginn oft schwer, sich für etwas Neues zu entscheiden, vor allem wenn nicht klar ersichtlich ist, wohin der Weg führt. Auch Reinhard Sprenger beschäftigt sich in seinem Buch »Radikal führen« mit dem Thema Entscheidungen. Er sieht eine Entscheidung als eine Art Weggabelung, an der man sich für eine Richtung entscheiden muss, ohne zu wissen, was hinter der ersten Biegung auf einen wartet.[23] Er sagt:

Bei einer Entscheidung fehlen Gründe, sich für oder gegen eine Alternative zu entscheiden. Oder es gibt viele Gründe, die gleich verteilt sind. Oder die Zukunft ist völlig unkalkulierbar [...]. Entscheidungen sind genau dann nötig, wenn sie unmöglich sind. Unmöglich im Sinne von schlüssig zu begründen. Sie könnten auch eine Münze werfen. Es ist gerade das Fehlen einer Begründung, das uns zu einer Entscheidung drängt.[24]

Nutzen Sie die WBI-Methode außerdem, um Ruhe in Ihr Unternehmen zu bringen. Sie erinnern sich: WBI verringert die Anzahl von Telefonaten und Störungen. Davon profitieren Ihre Mitarbeiter und natürlich auch Sie.

Alle können dadurch kontinuierlich und ohne ständige Unterbrechungen ihrer Arbeit nachgehen. Sie können Aufgaben erledigen, ihr Wissen vermehren und es weiterentwickeln. Bringen Sie das Unternehmenswissen mithilfe von WBI langfristig auf ein qualitativ hochwertigeres Niveau.

---

23 Sprenger 2012, S. 30
24 Sprenger 2012, Ebd.

Die WBI-Methode – hier müssen wir uns nichts vormachen – ist vor allem für Firmeneigentümer, Geschäftsführer und starke Führungskräfte mit Durchsetzungskraft relevant. Dieses Buch richtet sich daher an Entscheider in Unternehmen, die langfristig etwas verändern bzw. bewirken wollen. Denn mit der Einführung des Wissensmanagements verhält es sich ähnlich wie mit dem Pflanzen eines Baumes:

Abbildung 35: Die Entwicklungsphasen eines Baumes

In den ersten Jahren ist er noch klein und zu schwach, um Früchte zu tragen. Erst nach einigen Jahren kann der Ertrag der Arbeit geerntet werden. Auch bei der erfolgreichen Einführung von WBI bzw. von Wissensmanagement bedarf es Geduld, Ausdauer und Disziplin auf allen Ebenen des Unternehmens. Denn jede Investition wird erst ab einem gewissen Punkt rentabel oder eben auch nicht. Kosten für Anschaffungen müssen sich amortisieren, um den Wert des Unternehmens langfristig und dauerhaft zu steigern.

Betriebliches Wissensmanagement setzt hier die physikalischen Gesetze außer Kraft, da sich der Nutzen von Wissen – das gesichert ist und weiterentwickelt wird – immer weiter erhöht. Der Aufwand wird jedoch immer geringer. Betriebswirtschaftlich gesehen, rentiert sich Wissensmanagement also erst nach einiger Zeit, dann dafür aber umso mehr.

Hier die eindeutigen Vorteile, die Wissensmanagement mit sich bringt:

 Zeit- und Kostenersparnis

 Qualitätssteigerung

 Motivation und Wohlbefinden

 Förderung der Innovationskraft

 Sicherheit

Die detaillierte Liste dieser Vorteile finden Sie auf Seite 150.

Um Wissensmanagement zu praktizieren, braucht es eine Geschäftsführung mit Weitblick, Geduld und Ausdauer, die bereit ist, den anfänglichen Aufwand in Kauf zu nehmen, um später von einem umso höheren Nutzen zu profitieren. Geduld zu haben, ist aber nicht immer einfach – vor allem nicht, wenn etwas mit Kosten und Aufwand verbunden ist.

Deshalb habe ich für Sie eine Tabelle erstellt, in der Sie beispielhafte Rechnungen zur Quantifizierung des Nutzens durch WBI anstellen können. Natürlich ist das nicht für alle Vorteile möglich, da beispielsweise die Qualität, die Innovationskraft und die Mitarbeiter-Motivation schwer messbar sind und daher nicht quantifiziert werden können. *Nutzen Sie die Vorlage auf den Seiten 152 und 153 für Ihre Zwecke.*

Ich bin überzeugt: Wissensmanagement steigert die Produktivität und bietet einiges an Einsparungspotenzial. Weitere Informationen zur WBI-Methode finden Sie auf der Website zum Buch:

www.wissen-besser-integrieren.at

Bedienen Sie sich der 20-jährigen Erfahrung, die wir bei Meusburger inzwischen machen durften, und ersparen Sie sich den Umweg, den wir bereits für Sie gegangen sind.

Abbildung 36: Die Entwicklung von WBI

Ich wünsche Ihnen viel Erfolg dabei!

Ing. Mag (FH) Guntram Meusburger

11 Beispiele

WBI Nutzen Übersicht
MUM | Mustermann Max (123)

09355
TT.MM.JJJJ | V2.0 | 1/1

Zeitersparnis
- Vermeidung von abteilungsübergreifender Doppelarbeit bzw. Wiederholungsarbeit
- Schnelleres Finden von Informationen und Wissen
- Schnelleres, effizienteres Arbeiten, da auf bestehendes Wissen aufgebaut wird
- Schnellere Umsetzung von Change Management durch die Vorgabe von neuen Richtlinien und Abläufen in Wissensdokumenten
- Änderungen können schneller erkannt werden, wenn ein Wissensdokument zuvor schon bekannt ist
- Keine Informationsflut (geregelte Benachrichtigungen)
- Weniger zeitliche Inanspruchnahme von Experten
- Kürzere Einschulungszeit für neue Mitarbeiter
- Zeitersparnis bei der Wiederherstellung von personenbezogenem Wissen
- Schnellere, gemeinsame Basis
- Entscheidungen basierend auf dem Ist-Stand schneller treffen können

Qualitätssteigerung
- Entscheidungsqualität steigern (basierend auf aktuellen, richtigen Informationen)
- Aktuelle, qualitativ hochwertige Informationen für Support & Beratung
- Keine redundanten Daten und Informationen
- Prozessstabilität durch dokumentiertes Wissen

Motivation und Wohlbefinden
- Ruhigere Arbeitsumgebung durch weniger Fragen und Störungen
- Professionelle Rahmenbedingungen, denn das notwendige Wissen steht zur Verfügung
- Erleichterung bei Urlaubs-, Krankenstands- oder Karenzvertretungen oder Austritt
- Zentraler Zugriff auf Informationen (z.B. webbasiertes Intranet mit weltweitem Zugriff)
- Lob und Anerkennung durch andere Mitarbeiter und die Geschäftsführung
- Möglichkeit der Erweiterung des Wissens
- Handlungsfähigkeit der Mitarbeiter
- Erhöhte Transparenz und Offenheit im Unternehmen

Innovationskraft
- Analyse des Ist-Standes
- Bestehendes, explizites Wissen als Basis für den nächsten Schritt und somit als Basis für Innovation

Sicherheit
- Kein Wissens- bzw. Informationsverlust
- Keine Angst vor Verlust des Arbeitsplatzes
- Wettbewerbsfähig sein und bleiben

Gestaltungsrichtlinien für WiDoks   **01884**

MUM | Mustermann Max (123)   TT. MM.JJJJ | V7.0 | 1/1

Dokumentenkopf

Jedes Dokument erhält einen Dokumentenkopf – ganz egal, ob es zu einem WiDok (also zu einem Dokument in der Wissensdatenbank) wird oder nicht.
Bestandteile des Dokumentenkopfs: Titel, Dok-Nr, Autor, Versionsnummer, aktuelles Datum, Seitenanzahl
Dieser Kopf kann bei Word- und Excel-Dokumenten eingefügt und aktualisiert werden.
Achtung: Titel und Dateiname müssen gleich lauten!

Textgestaltung

Standardschrift: Arial
12 pt – Überschriften, Hervorhebung, Wichtiges
10 pt – generell verwendete Schriftgröße
10 pt – teilweise Hervorhebung
8 pt – Zusatzinformationen

Farben

WiDoks wenn möglich nur schwarz/weiß gestalten.
Farben nur verwenden, wenn es sinnvoll ist.
Für wichtige Informationen und Zahlen Standardfarben des Firmen-CD verwenden.

RGB-Farbwerte	Rot	255	**CMYK Farbwerte**	Cyan	0
	Grün	255		Magenta	0
	Blau	255		Yellow	0
				Key	100

Datums-Schreibweise

Beispiel: 01.01.2015

Namensangaben

Nur mit Kurzzeichen arbeiten.

Quellenangabe / Verweise

Einheitliche Schreibweise beim Verweis auf andere WiDoks: Dok. 00000.
Durch den Einsatz einer Farbe kann Fokus auf den Verweis gelegt werden.

Excel

Ansicht Normal – Zoom 100% – Cursor muss bei allen Registern ganz links oben positioniert sein.
Gitternetzlinien entfernen (Funktion: Ansicht – Haken bei Gitternetzlinien deaktivieren).
Druckbereich überprüfen und gegebenenfalls anpassen.

Word

Rechtschreibprüfung aktivieren und mit "ändern" bzw. "ignorieren" bearbeiten.
Druckbereich überprüfen und gegebenenfalls anpassen.

Freigabeanfrage – Durchlaufzeiten

Dokumente sollten schnellstmöglich vom Freigeber kontrolliert und freigegeben werden!
Ziel: Dokumente sollten innerhalb von 1–2 Tagen veröffentlicht sein.
Achtung: Auch die Löschung eines Dokuments muss genehmigt werden → Löschfreigabe!

Wiedervorlage von Dokumenten

Die WiDoks müssen in regelmäßigen Abständen auf Aktualität, Layout, Inhalt etc. kontrolliert werden!
Dazu kann die Wiedervorlage-Funktion eingesetzt werden.

WBI Quantifizierter Nutzen

02204

MUM | Mustermann Max (123)

TT.MM.YYYY | V2.0 | Beispiele | 1/2

In dieser beispielhaften Annahme gehen wir von einem mittelständischen Unternehmen mit 100 Mitarbeitern aus. 10 davon sind Experten. Der hypothetische Jahresumsatz beträgt 15 Mio. Euro.

Bsp. 1: Zeit für die Recherche nach wissensbasierten Dokumenten

ohne WBI	20 Minuten/Tag	Lohnkosten pro Mitarbeiter pro Stunde	30,00 €
mit WBI	10 Minuten/Tag	Ersparnis pro Mitarbeiter pro Tag	5,00 €
Ersparnis	10 Minuten/Tag	Arbeitstage pro Mitarbeiter pro Jahr	220 Tage
		Ersparnis pro Mitarbeiter pro Jahr	1.100,00 €
		Anzahl Mitarbeiter	100 MA
		Gesamtersparnis pro Jahr	110.000,00 €

Bsp. 2: Zeitliche Inanspruchnahme von Experten

ohne WBI	90 Minuten/Tag	Lohnkosten pro Experte pro Stunde	60,00 €
mit WBI	60 Minuten/Tag	Ersparnis pro Experte pro Tag	30,00 €
Ersparnis	30 Minuten/Tag	Arbeitstage pro Experte pro Jahr	220 Tage
		Ersparnis pro Experte pro Jahr	6.600,00 €
		Anzahl Experten	10 MA
		Gesamtersparnis pro Jahr	66.000,00 €

Bsp. 3: Vermeidung von abteilungsübergreifender Doppelarbeit

ohne WBI	10 Minuten/Tag	Lohnkosten pro Mitarbeiter pro Stunde	30,00 €
mit WBI	5 Minuten/Tag	Ersparnis pro Mitarbeiter pro Tag	2,50 €
Ersparnis	5 Minuten/Tag	Arbeitstage pro Mitarbeiter pro Jahr	220 Tage
		Ersparnis pro Mitarbeiter pro Jahr	550,00 €
		Anzahl Mitarbeiter	100 MA
		Gesamtersparnis pro Jahr	55.000,00 €

Bsp. 4: Vermeidung von Wiederholungsarbeit

ohne WBI	15 Minuten/Tag	Lohnkosten pro Mitarbeiter pro Stunde	30,00 €
mit WBI	5 Minuten/Tag	Ersparnis pro Mitarbeiter pro Tag	5,00 €
Ersparnis	10 Minuten/Tag	Arbeitstage pro Mitarbeiter pro Jahr	220 Tage
		Ersparnis pro Mitarbeiter pro Jahr	1.100,00 €
		Anzahl Mitarbeiter	100 MA
		Gesamtersparnis pro Jahr	110.000,00 €

Bsp. 5: Zeitverkürzung bei der Wiederherstellung von personenbezogenem Wissen

ohne WBI	10 Wochen/Jahr	Lohnkosten pro Mitarbeiter pro Stunde	30,00 €
mit WBI	3 Wochen/Jahr	Wochenstunden	40,00 h
Ersparnis	7 Wochen/Jahr	Lohnkosten pro Mitarbeiter pro Woche	1.200,00 €
		Ersparnis pro Mitarbeiter pro Jahr	8.400,00 €
		Anzahl Mitarbeiteraustritte pro Jahr	5 MA
		Gesamtersparnis pro Jahr	42.000,00 €

WBI Quantifizierter Nutzen 02204

MUM | Mustermann Max (123) | TT.MM.YYYY | V2.0 | Beispiele | 2/2

Bsp. 6: Schnellere Einschulung neuer Mitarbeiter auf Basis von WiDoks

ohne WBI	2 Wochen/Jahr	Lohnkosten pro Experte pro Stunde	60,00 €
mit WBI	1 Woche/Jahr	Wochenstunden	40,00 h
Ersparnis	1 Woche/Jahr	Lohnkosten pro Experte pro Woche	2.400,00 €
		Ersparnis pro Experte pro Jahr	2.400,00 €
		Anzahl benötigter Experten	10 MA
		Gesamtersparnis pro Jahr	24.000,00 €

ohne WBI	4 Wochen/Jahr	Lohnkosten pro neuem Mitarbeiter pro Stunde	30,00 €
mit WBI	2 Wochen/Jahr	Wochenstunden	40,00 h
Ersparnis	2 Wochen/Jahr	Lohnkosten pro neuem Mitarbeiter pro Woche	1.200,00 €
		Ersparnis pro neuem Mitarbeiter pro Jahr	2.400,00 €
		Anzahl neuer Mitarbeiter pro Jahr	10 MA
		Gesamtersparnis pro Jahr	24.000,00 €

Bsp. 7: Schnellere gemeinsame Basis aufgrund von WiDoks

ohne WBI	30 Minuten/Tag	Lohnkosten pro Mitarbeiter pro Stunde	30,00 €
mit WBI	15 Minuten/Tag	Ersparnis pro Mitarbeiter pro Tag	7,50 €
Ersparnis	15 Minuten/Tag	Arbeitstage pro Mitarbeiter pro Jahr	220 Tage
		Ersparnis pro Mitarbeiter pro Jahr	1.650,00 €
		Anzahl Mitarbeiter	100 MA
		Gesamtersparnis pro Jahr	165.000,00 €

Mehraufwand für die Verwaltung von Wissensdokumenten

Für das Erfassen, Freigeben, Lesen, Weiterentwickeln und für die Aktualitätskontrolle werden pro Experte bzw. Autor zwei Stunden pro Woche angenommen.

Lohnkosten pro Experte bzw. Autor pro Stunde	60,00 €
Aufwand pro Experte bzw. Autor pro Woche	120,00 €
Anzahl der Arbeitswochen pro Jahr	44 Wochen
Aufwand pro Experte bzw. Autor pro Jahr	5.280,00 €
Anzahl Experten bzw. Autoren	10 MA
Mehraufwand pro Jahr	52.800,00 €

| **Netto Mehrwert pro Jahr*** | **543.200,00 €** |

| **Umsatzrendite*** | **3,62 %** |

* Da die Qualität, die Innovationskraft und die Mitarbeiter-Motivation nicht messbar sind und daher nicht quantifiziert werden können, können diese Vorteile in dieser beispielhaften Rechnung nicht angeführt werden. Sie würden die Umsatzrendite jedoch noch weiter erhöhen.

Anleitung Zuweisung Standarddrucker   **07654**

MUM | Mustermann Max (123)   TT.MM.JJJJ | V1.0 | 1/1

1.   Klick auf Start – Geräte und Drucker. Es öffnet sich ein Fenster mit allen verfügbaren Druckern.

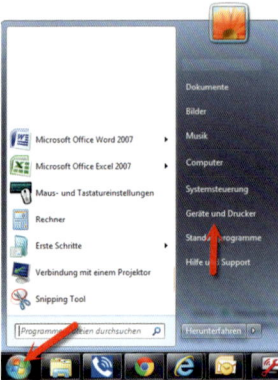

2.   Auf den gewünschten Drucker einen Rechtsklick machen und die Option „Als Standarddrucker festlegen" auswählen. Der jeweilige Druckername ist auf dem Drucker zu finden.

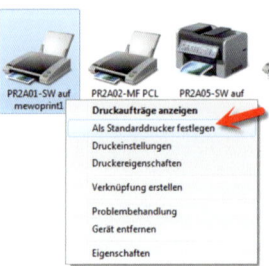

3.   Der grüne Haken zeigt den gewählten Standarddrucker an.

Checkliste Mitarbeiter Eintritt

00792

MUM | Mustermann Max (123)

TT.MM.JJJJ | V4.0 | Eintritt | 1/1

Name: _____

Personalnummer: _____

Kurzzeichen: _____

Aufgaben	WiDok Nr.	Verantwortliche/r	erledigt
Arbeitsvertrag bzw. Dienstvertrag Angestellter/Arbeiter			☐
Einschulungskalender erstellen			☐
Information Eintrittstermin an Empfang & Vorgesetzten			☐
Ausstattung für neue Mitarbeiter bestellen			☐
Mappe mit WiDoks binden			☐
Kurzzeichen vergeben			☐
Mitarbeiter im Organigramm hinzufügen			☐
Personalnummer vergeben			☐
EDV-Richtlinien und Mitarbeiterfragebogen ausdrucken			☐
Sicherheitsunterweisung ausdrucken			☐
Anmeldung Krankenkasse			☐
Einladung zum Firmenrundgang			☐
Personaldaten ins System eintragen			
Geschlecht			☐
Kurzzeichen			☐
Telefonnummer			☐
E-Mail-Adresse			☐
Arbeitsbereich/Abteilung			☐
Beschäftigungsverhältnis			☐
Kostenstelle			☐
Ausbildung			☐
Anstellungsdatum			☐
Familienstand			☐
Kinder			☐
Geburtsdatum			☐
Religionsbekenntnis			☐
Staatsbürgerschaft			☐
SV-Nummer			☐
Mitarbeiterfoto			☐

12 Hilfreiche Literatur

Hasler Roumois, Ursula:
Studienbuch Wissensmanagement.
3. überarbeitete Auflage, Zürich: Orell Füssli Verlag 2007.

Killian, Dietmar; Krismer, Robert; Loreck, Stefan; Sagmeister, Andreas:
Wissensmanagement. Werkzeuge für Praktiker.
3. Auflage, Wien: Linde Verlag GesmbH 2007.

Langhan, Andreas:
Wissensmanagement – Leitfaden für die Einführung von Wissens-
management in Unternehmen.
Hamburg: Diplomica Verlag GmbH 2010.

Madauss, Bernd J.:
Handbuch Projektmanagement: Mit Handlungsanleitungen für Industrie-
betriebe, Unternehmensberater und Behörden.
6. Auflage, Stuttgart: Schäffer-Poeschel Verlag 2000.

Mertens, Jens:
Wissensmanagement in Vertriebsnetzwerken – eine strategische Konzep-
tion für den Maschinenbau.
Frankfurt; München: Examicus Verlag 2000.

Mittelmann, Angelika:
Werkzeugkasten Wissensmanagement.
Norderstedt: Books on Demand GmbH 2011

Pentadoc AG (Hrsg):
Der Info Cube.
1. Auflage, Martinsried: Eigenverlag Pentadoc AG 2013.

Prange, Christiane:
Organisationales Lernen und Wissensmanagement: Fallbeispiele aus der Unternehmenspraxis.
1. Auflage, Wiesbaden: Gabler Verlag 2002.

Probst, Gilbert; Raub, Steffen; Romhard, Kai:
Wissen managen: Wie Unternehmen ihre wertvollste Ressource Wissen optimal nutzen können.
7. Auflage, Wiesbaden: Springer Gabler Verlag 2012.

Reinmann-Rothmeier, Gabi; Mandl, Heinz;
Erlach, Christine; Neubauer, Andrea:
Wissensmanagement lernen.
Weinheim; Basel: Beltz Verlag 2001.

Sprenger, Reinhard K.:
Radikal führen.
Frankfurt; New York: Campus Verlag 2012.

Stary, Christian; Maroscher, Monika; Stary, Edith:
Wissensmanagement in der Praxis. Methoden, Werkzeuge, Beispiele.
München: Hanser Verlag 2012.

Versteegen, Gerhard (Hrsg.) :
Management-Technologien. Konvergenz von Knowledge-, Dokumenten-, Workflow- und Contentmanagement.
Berlin; Heidelberg; New York; Barcelona; Hongkong; London; Mailand; Paris; Tokio: Springer Verlag 2002.

Zucker, Betty; Schmitz, Christof:
Wissen gewinnt. Innovative Unternehmensentwicklung durch Wissens-management.
2. neu bearbeitete Auflage, Düsseldorf; Berlin: Metropolitan Verlag 2000.

13   Abbildungen

14   Linksammlung

http://de.wikipedia.org/wiki/Wissen (Stand: 03.03.2015)

http://wirtschaftslexikon.gabler.de/Archiv/75634/wissen-v4.html
(Stand: 03.03.2015)

http://www.techsphere.de/pageID=wm02.html (Stand: 03.03.2015)

http://www.robertfreund.de/blog/wissen/wissen-eine-definition/
(Stand: 03.03.2015)

http://www.it-production.com/index.php?seite=einzel_artikel_ansicht&id=27642
(Stand: 03.03.2015)

http://www.wtwiki.at/wtwiki/kanzleiorganisation/strategische_kanzleifu-
ehrung/mit_wissensmanagement_die_ueberlebensfaehigkeit_von_un-
ternehmen_sichern/ (Stand: 03.03.2015)

http://whitepaper.haufe.de/unternehmensfuehrung/Studie-Wissen-in-
Unternehmen/,82,355,48 (Stand: 03.03.2015)

15   Begriffe und Abkürzungen

auschecken	WiDok temporär aus der Datenbank nehmen
Autor	Verfasser eines WiDoks
CD	Corporate Design – einheitliches Firmendesign
CMS	Content-Management-System
DMS	Dokumenten-Management-System
einchecken	ein WiDok in die Datenbank laden
explizit	schriftlich erfasst bzw. dokumentiert
implizit	unbewusst bzw. nicht schriftlich erfasst
Information	Daten, die in einem Bedeutungskontext stehen
kollektives Wissen	Wissen einer Gruppe oder Gemeinschaft
Kompetenz	Fähigkeit, situationsbedingt zu handeln
Methode	Menge von Handlungsempfehlungen
Pull-Prinzip	Nutzer sind aktiv und suchen
Push-Prinzip	Führungskräfte sind aktiv und verteilen
QM	Qualitätsmanagement
ROI	Return on Investment
Rolle	definiert Aufgaben und Verantwortlichkeiten
WBI	Wissen besser integrieren
WiDok	Wissensdokument
Wissen	Sammlung von Fähigkeiten und Kompetenzen
Wissensmanager	treibende Kraft des WM in Unternehmen
Wissensträger	Mitarbeiter, der über relevantes Wissen verfügt
WM	Wissensmanagement